Afees. A. Oladejo, PhD

A planta da vida: compreender as suas actividades farmacológicas

Afees. A. Oladejo, PhD

A planta da vida: compreender as suas actividades farmacológicas

Exploração dos seus compostos bioactivos e dos seus mecanismos de ação

ScienciaScripts

Imprint

Cover image: www.ingimage.com

This book is a translation from the original published under ISBN 978-620-8-41982-0.

Publisher:
Sciencia Scripts
is a trademark of
Dodo Books Indian Ocean Ltd. and OmniScriptum S.R.L publishing group

120 High Road, East Finchley, London, N2 9ED, United Kingdom
Str. Armeneasca 28/1, office 1, Chisinau MD-2012, Republic of Moldova, Europe
Managing Directors: Ieva Konstantinova, Victoria Ursu
info@omniscriptum.com

Printed at: see last page
ISBN: 978-620-8-64242-6

Conteúdo

DEDICAÇÃO

Este trabalho é dedicado à minha querida mãe, a Sra. Eunice Funmilayo Oladejo (falecida), que me ensinou a manter-me sempre concentrada, a ser disciplinada e a ter fé em Deus.

RECONHECIMENTO

O reconhecimento das grandes pessoas que contribuíram tremendamente para a conclusão bem sucedida deste trabalho trouxe-me verdadeiramente lágrimas aos olhos, pela alegria absoluta de ter sido muito favorecido.

H.A Ogbunugafor (já falecido) e ao Prof. C.S. Okafor pelo seu generoso encorajamento, castigo, apoio académico e moral que contribuíram para a conclusão bem sucedida deste trabalho.

O meu apreço vai para os meus maravilhosos pais, Sr. Wahab Adekunle Oladejo e Sra. Eunice Funmilayo Oladejo (falecida), Sen. C.K. Awoyelu e Sra. Dorcas I. Awoyelu (falecida), pelo seu apoio moral e financeiro durante toda a minha vida académica. Gostaria de agradecer aos meus irmãos: Abimbola, Olaniyi e Titilayo; e aos meus primos, Sr. e Dr. (Sra.) Ishaya, Sr. e Sra. Banji Awoyelu, Sr. e Sra. John-Oseni, Sr. e Sra. Tope Anifowose, Dr. e Dra. (Sra.) Babajide Awoyelu, Sr. e Barr. (Sra.) Agbadaola, que me apoiaram e apoiaram fielmente de várias formas, agradeço-lhes a sua profunda compreensão e apoio numa altura em que as coisas eram praticamente difíceis.

Um agradecimento especial à minha querida esposa, Sra. Oluwaseun Oladejo, pelo seu apoio e encorajamento inabaláveis. O seu amor e carinho são excepcionais, e eu aprecio-o verdadeiramente e amo-o muito. Finalmente, estou grato a Deus todo-poderoso pela força, saúde e sabedoria que me permitiram navegar pelos altos e baixos ao longo deste trabalho. Todas as boas e perfeitas dádivas vêm exclusivamente dele. Que o Seu nome seja louvado para sempre. Amém!

RESUMO

Bryophyllum pinnatum Lam. (Crassulaceae) denominada '*Oda-opue*' em Igbo, '*Eru-odundun* em Yoruba e '*Abomoda*' em Hausa são amplamente utilizadas como alimentos e medicamentos. Encontram-se amplamente em África tropical, na América, na Índia e na China. Este estudo investigou as actividades farmacológicas e o modo de ação do extrato hidroetanólico das folhas de *B. pinnatum* em ratos Wistar. A fitoquímica do extrato da planta foi determinada quantitativamente por Cromatografia Gasosa/Detetor de Ionização por Chama (GC-FID) e a dose letal média foi determinada utilizando o método padrão. As actividades antioxidantes foram realizadas utilizando o espetrofotómetro, enquanto o rastreio antimicrobiano foi investigado utilizando métodos padrão. Os compostos bioactivos foram elucidados utilizando a Cromatografia Gasosa-Espectrometria de Massa (GC-MS) e a Cromatografia Líquida de Alta Eficiência (HPLC), enquanto a atividade anti-inflamatória e os parâmetros hematológicos foram realizados com a ajuda do pletismómetro e do analisador automático de hematologia mind Ray, respetivamente, e os ensaios de biomarcadores inflamatórios foram explorados utilizando o Ensaio de Imunoabsorção Enzimática (ELISA). Os resultados mostraram que o extrato da folha de *B. pinnatum* é rico em kaempferol (7,006 ±0,02 gg/g), sapogenina (3,372 ±0,02 gg/g), rutina (1,837 ±0,01 gg/g) e lunamarina (1,359 ±0,01 gg/g); e elimina os radicais nítrico, peróxido de hidrogénio e DPPH, bem como apresenta capacidades de redução férrica. O extrato da folha também tem uma atividade antimicrobiana considerável a uma concentração mais baixa (15,625 mg/ml). O perfil GC-MS e HPLC do extrato da folha mostrou que é rico em compostos bioactivos farmaceuticamente significativos. As nossas descobertas mostraram que a planta tem efeitos anti-inflamatórios consideráveis de uma forma dependente da dose, fazendo com que o edema em granuloma induzido por carragenina e pelota de algodão em ratos Wistar volte ao normal em 120 minutos e 7 dias, respetivamente. As enzimas antioxidantes; superóxido dismutase (SOD), glutationa peroxidase (GPx) e catalase foram aumentadas em termos de actividades nos animais experimentais. A investigação sobre o modo de ação do extrato da planta revelou que a planta provoca uma inibição significativa dos biomarcadores inflamatórios (ciclo-oxigenases 1 e 2, interleucinas 1β e 6, bem como prostaglandina E2) de uma forma dependente da dose. Os resultados das nossas descobertas mostraram que a folha de *B. pinnatum* é rica em compostos bioactivos que podem ser sintetizados para produzir um novo produto à base de plantas para combater doenças inflamatórias com menos efeitos secundários.

CAPÍTULO 1

1.0 INTRODUÇÃO

As plantas medicinais têm sido uma fonte de cuidados de saúde durante séculos para a população (Teklehaymanot, 2017; Megersa *et al.*, 2019). As plantas são o principal alvo para a descoberta de candidatos principais para o desenvolvimento de medicamentos (Sharifi-Rad *et al.*, 2018; Salehi *et al.*, 2018). Estudos demonstraram que os metabolitos das plantas são eficazes na resolução de muitas doenças, especialmente doenças inflamatórias (Katsiari *et al.*, 2019). As principais razões para o foco renovado e crescente nas plantas são a facilidade de disponibilidade, o baixo custo e os menores efeitos secundários, que fazem da preparação à base de plantas o principal foco de todas as terapias disponíveis, especialmente nas zonas rurais (Mishra *et al.*, 2018). Além disso, as plantas são uma fonte rica de produtos químicos bioactivos que os investigadores demonstraram estar isentos de efeitos secundários indesejáveis e possuir poderosas acções farmacológicas (Singab *et al.*, 2014; Abdolshahi *et al.*, 2018). As plantas são usadas como ingredientes a granel em medicamentos tradicionais (TM) que fornecem os cuidados de saúde primários a cerca de 80% da população mundial (Wangchuk *et al.*, 2017). Além de desempenharem um papel indispensável nos cuidados de saúde primários, as plantas medicinais também têm sido uma das fontes mais importantes de descobertas de medicamentos modernos, sendo que muitos dos medicamentos atualmente disponíveis são obtidos direta ou indiretamente a partir delas (Arumugam *et al.*, 2013; Mishra *et al.*, 2018). Estima-se que cerca de 50 000 espécies de plantas são utilizadas na MT em todo o mundo, sendo a maioria delas utilizadas em medicamentos asiáticos (Wangchuk e Tobgay, 2015). Estas plantas medicinais contêm informações etno-botânicas valiosas que podem revelar novas estruturas de fármacos. Nas últimas décadas, as plantas medicinais captaram a atenção de cientistas de plantas, nutricionistas e produtores.

As descobertas de praticantes de medicina tradicional sobre algumas plantas mostraram que *Bryophyllum pinnatum* (Crussulaceae) é uma das plantas mais promissoras que poderia ajudar a melhorar as doenças inflamatórias que representam um grande desafio para a saúde dos seres humanos em todo o mundo.

A B. pinnatum é uma erva perene que cresce na natureza e é utilizada como medicina tradicional e como planta ornamental na África tropical, China, Austrália, América tropical e Índia (Kumar *et al.*, 2012). A planta é uma erva perene com caule oco. Tem 1-1,5 metros de altura e não tem ramos. As folhas parecem ser a parte mais valiosa da planta para fins medicinais (Kumar *et al.*, 2012).

Durante séculos, muitas plantas têm sido uma fonte fundamental para o tratamento de doenças crónicas, tais como distúrbios cardiovasculares, diabetes, hipertensão arterial e cancro. A inflamação é considerada a causa subjacente da maioria destas doenças crónicas (Meng-Yu *et al.*, 2017). As doenças inflamatórias, incluindo diferentes tipos de doenças reumáticas, são uma das principais causas de morbilidade da população ativa em todo o mundo (Lozano *et al.*, 2011). De facto, mais de um quarto da população humana, aproximadamente 2 mil milhões de pessoas, são atualmente afectadas, o que conduz a uma grande mortalidade e morbilidade (Lozano *et al.*, 2011). Destes, cerca de 75 por cento são mulheres e, na maioria das vezes, começa entre a quarta e a sexta décadas de vida (Nabarun *et al.*, 2019). No entanto, esta doença pode começar em qualquer idade (Nair *et al.*, 2019). Por isso, tem sido chamada o *"Rei das Misérias Humanas"* (Nabarun *et al.*, 2019). A inflamação é um processo dinâmico que é desencadeado em resposta a lesões mecânicas, queimaduras, infecções microbianas e outros estímulos nocivos que podem ameaçar o bem-estar do hospedeiro (Ferrero-Miliani *et al.*, 2007). O processo envolve alterações no fluxo sanguíneo, aumento da permeabilidade vascular, destruição de tecidos através da ativação e migração de leucócitos com síntese de derivados reativos de oxigênio (burst oxidativo) e síntese de mediadores inflamatórios locais, como prostaglandinas (PGs), leucotrienos (Stuart e David, 2011; Jo-Watanabe *et al.*, 2019) e fatores ativadores de plaquetas induzido por fosfolipase A2, ciclooxigenases (COXs) e lipoxigenases. Uma vez que os mediadores inflamatórios, como as prostaglandinas (PG), o TNF-α, a interleucina-1 (IL-1) e a interleucina-6 (IL-6), são libertados no local da lesão e interagem com os nociceptores, facilitam a transmissão de sinais de dor através do sistema nervoso (Hung *et al.*, 2017).

A dor é uma sensação incómoda que alerta o hospedeiro para situações prejudiciais, a fim de evitar lesões graves. Mais de metade dos doentes que sofrem de dor recebem uma gestão terapêutica inadequada que afecta gravemente a sua qualidade de vida (Fayaz *et al.*, 2016). Por conseguinte, a redução da resposta inflamatória é uma forma eficaz de diminuir o processo de dor.

A descoberta e a comercialização de fármacos anti-inflamatórios sintéticos, tais como os anti-inflamatórios não esteróides (AINE), embora em grande número, não melhoraram o dilema persistente, uma vez que foram relatadas muitas desvantagens que vão desde distúrbios gastrointestinais, como úlceras intestinais, danos na mucosa, náuseas e reacções de hipersensibilidade (Tripathi e Swain, 2016) a danos crónicos nos tecidos e acidentes vasculares cerebrais através de coágulos sanguíneos (Kane *et al.*, 2013). Por conseguinte, é crucial uma pesquisa séria de potenciais fitomedicamentos anti-inflamatórios, especialmente *B. pinnatum*, como alternativa aos medicamentos sintéticos utilizados na gestão e no tratamento de doenças inflamatórias.

1.1 Declaração do problema

A inflamação é atualmente reconhecida como um fardo esmagador para o estado de saúde da população humana e é a base subjacente de um número significativo de doenças inflamatórias (Minihane *et al.*, 2015). A inflamação, particularmente nos idosos, reflecte os elevados biomarcadores de inflamação resultantes de décadas de escolhas de estilo de vida. É simultaneamente amiga e inimiga, sendo essencial para a regulação metabólica e sendo a inflamação de baixo grau não resolvida uma caraterística patológica de uma série de doenças crónicas (Minihane *et al.*, 2015). O tratamento da inflamação na população será uma forma de resolver as doenças crónicas, incluindo a síndrome metabólica, as doenças cardiovasculares, a artrite, etc. A utilização de medicamentos anti-inflamatórios não esteróides tem representado um grande risco para os pacientes, devido aos efeitos secundários variados que vão desde danos nas mucosas a úlceras intestinais (*Sostreset al.*, 2013). Assim, o uso de plantas, abundantes em nosso ambiente para combater a inflamação é uma estratégia que deve fornecer uma abordagem alternativa para resolver os problemas inflamatórios. Assim, a investigação do modo de ação bioquímico de *B. pinnatum* como alternativa aos fármacos anti-inflamatórios sintéticos é crucial.

1.2 Justificação do estudo

Apesar dos marcos significativos e das realizações notáveis registadas no campo da medicina na administração das terapias atualmente disponíveis no tratamento da inflamação, foram observados vários efeitos secundários indesejáveis no decurso do tratamento com estas terapias. Os relatórios têm demonstrado que o sucesso dos fármacos analgésicos orais é inadequado devido aos seus modos de ação, que muitas vezes são caracterizados por vários efeitos secundários. Por conseguinte, os produtos naturais vegetais são recomendados para o tratamento de doenças, uma vez que contêm uma variedade de fitoquímicos seguros e suficientemente eficazes no tratamento da ameaça, com poucos ou nenhuns efeitos secundários. As doenças inflamatórias também tiveram um impacto negativo na economia global, reduzindo a força de trabalho produtiva global, graças à sua natureza debilitante (Sears *et al.*, 2011). O resultado deste estudo, se for positivo, não só melhorará a qualidade de vida das vítimas de doenças inflamatórias, como também contribuirá em grande medida para melhorar a economia mundial através do aumento da produtividade.

1.3 Objetivo do estudo

Este estudo tem como objetivo geral avaliar as actividades farmacológicas e o modo de ação do extrato de folhas de *Bryophyllum pinnatum* e o seu papel no tratamento da inflamação.

1.3.1 Objectivos específicos do estudo:

Os objectivos específicos deste estudo são os seguintes

- ❖ Determinar quantitativamente o teor fitoquímico do extrato da planta
- ❖ Determinar a dose letal média (DL_{50}) do extrato da planta.
- ❖ Explorar as actividades antioxidantes *in vitro* (atividade de eliminação do radical óxido nítrico (NO), atividade de eliminação do peróxido de hidrogénio, atividade de eliminação do 2,2-difenil-1-picrilhidrazil (DPPH) e propriedades antioxidantes de redução férrica (FRAP)) do extrato de folhas de *B. pinnatum*.
- ❖ Realizar a análise das propriedades antimicrobianas do extrato de folhas.
- ❖ Determinação dos compostos bioactivos do extrato por cromatografia gasosa de espetrometria de massa (GC-MS) e cromatografia líquida de alta eficiência (HPLC).
- ❖ Avaliar a capacidade anti-inflamatória do extrato da planta em ratos Wistar.
- ❖ Ensaio enzimático das actividades das enzimas antioxidantes - Superóxido dismutase (SOD), Glutationa peroxidase (GPx), Catalase e Capacidade antioxidante total (TAC) nos animais experimentais.
- ❖ Determinar os efeitos hematológicos do extrato da planta em ratos Wistar.
- ❖ Investigar os efeitos do extrato em alguns biomarcadores inflamatórios, como a ciclo-oxigenase 1 e 2, as interleucinas 1 e 6, a fosfolipase A2 e a prostaglandina E.

CAPÍTULO 2

2.1 REVISÃO DA LITERATURA

2.2 *Bryophyllum pinnatum* (Crassulaceae)

Bryophyllum pinnatum (*B. pinnatum*) (Crassulaceae) é uma erva perene que cresce na natureza e é usada como medicina tradicional e como planta ornamental na África tropical, China, Austrália, América tropical e Índia. É cultivada como planta ornamental doméstica em rochas ou no jardim (Obaid *et al.*, 2019). É vulgarmente designada por planta do ar, sino de Canterbury, sino de catedral, planta da vida e planta da ressurreição (Shrestha *et al.*, 2019). As três principais línguas da Nigéria referem-se a ela *comoEru-odundun* (ioruba), *Odaa opue* ou *Alupu* (igbo) e *Abomoda* (hausa). Encontra-se em muitas partes do mundo, em grande parte devido ao facto de ser fácil de cultivar. Esta pode também ser a razão da sua utilização extensiva na medicina herbal.

A planta é uma erva perene com caule oco. Tem 1-1,5 metros de altura e não tem ramos. As folhas parecem ser a parte mais valiosa da planta para fins medicinais (Kumar *et al.*, 2012). As folhas inferiores e superiores são simples, mas as do meio são geralmente compostas de forma pinada com 3-5 folíolos, lâminas opostas planas e elípticas com 5-20 cm de comprimento e 2-10 cm de largura. As margens das folhas são crenadas e, por vezes, produzem bolbos. As folhas são carnudas, de cor verde-escura, nitidamente recortadas e com uma guarnição vermelha. A planta floresce em novembro-março e frutifica em abril. É adstringente, de sabor azedo, doce no efeito pós-digestivo e tem potência quente. É bem conhecida pelas suas propriedades hemostáticas e de cicatrização de feridas (*Aleksandraet al.*, 2019). Várias espécies de *B. pinnatum* são usadas medicinalmente na Indo-China e nas ilhas Filipinas. É naturalizada em todas as partes quentes e húmidas da Índia. As folhas e a casca são tónicas amargas, adstringentes para os intestinos, analgésicas, carminativas, úteis na diarreia, úlcera e vómitos (Khan *et al.*, 2009). A planta tem sido objeto de atenção considerável pelas suas propriedades medicinais e encontra aplicação na medicina popular, bem como na medicina contemporânea. A planta é uma boa fonte de vitaminas (Ogidi *et al.*, 2019), e contém substâncias bioactivas como alcalóides, flavonóides, saponinas, triterpenos, esteróides, glicosídeos e taninos (Uchegbu *et al.*, 2017).

A folha está entre as plantas medicinais listadas para uso pelo povo Yao da província de Yunnan, na China, para tratar artrite reumatoide, insetos abdominais e dormência de membros, contusões, queimaduras e úlceras (Parra *et al.*, 2019). A planta tem atividade anti-leshammanial (Afzal *et al.*, 2012), bem como efeito hepato-protetor e nefro-protetor (Anosike *et al.*, 2017); efeito anobésico (Aprioku e Igbe, 2017). A atividade antibacteriana da planta foi relatada por Nnaoma *et al.* (2019). Outras actividades relatadas do extrato da folha incluem Anti-hipertensivo (Orelien *et al.*, 2014) e atividade antialérgica (Ozolua *et al.*, 2010).

Fig. 1.1: A planta *Bryophyllum pinnatum*
Fonte: (InterCEDD, 2019).

2.1.1 Morfologia de *Bryophyllum pinnatum*

A B. pinnatum é uma erva suculenta de crescimento rápido. As folhas são espessas e carnudas, simples ou compostas aos pares, em caules avermelhados. As plântulas crescem a partir dos entalhes das margens das folhas e podem desenvolver-se enquanto ainda estão presas à planta-mãe ou quando se separam. A planta também pode reproduzir-se a partir de rebentos adventícios das bases das folhas juvenis. As flores estão em cimas paniculadas de 20-80 cm de comprimento, cada uma pendente em pedicelos de 1-2,5 cm de comprimento. Cada flor tem cerca de 5 cm de comprimento e é em forma de sino, esverdeada ou amarelada, avermelhada nos caules, e muito atractiva. A planta pode formar povoamentos densos em zonas perturbadas e secas. É especialmente invasiva em zonas do Havai de baixa altitude. Nas Fiji, é uma erva daninha de terrenos baldios e campos cultivados, e ao longo das bermas das estradas, naturalizada em costas e encostas rochosas e, por vezes, em florestas secas.

B. pinnatum é heterolítico; expressando simultaneamente a morfologia de folhas simples e compostas. Durante o crescimento inicial de *B. pinnatum*, o meristema apical ou a ponta de crescimento do tecido indiferenciado produz folhas juvenis na base da planta. Estas folhas permanecem juvenis mesmo quando o caule continua a alongar-se e são produzidas outras folhas (Hamburger *et al.*, 2017). Estas folhas na base da planta têm uma idade avançada, o que indica que são as primeiras na planta, mas ainda são juvenis em termos da sua fase de desenvolvimento. À medida que *a B. pinnatum* continua a crescer até à fase adulta, o meristema apical produz folhas adultas. Estas folhas são jovens em idade, mas são adultas no que respeita à sua fase de desenvolvimento. *A B. pinnatum* produz uma morfologia de folha simples na fase inicial de desenvolvimento e uma morfologia de folha composta na fase adulta de desenvolvimento (Hamburger *et al.*, 2017).

2.1.2 Taxonomia de *B. pinnatum*

Reino:	Plantae.
Sub-reino:	Tracheobionta (plantas vasculares).
Superdivisão:	Spermatophyta (plantas com sementes).
Divisão:	Magnoliophyta (plantas com flores).
Classe:	Magnoliopsida (dicotiledóneas)
Encomendar:	Saxfragales.
Família:	Crassulaceae (família das culturas de pedra).
Género:	Bryophyllum
Nome Botânico:	*Bryophyllum pinnatum*. Sinónimo: (*Kalanchoe pinnatum*)

Figura 1.2: Folha de *Bryophyllum pinnatum*.

Fonte: (InterCEDD, 2019)

2.1.3 Distribuição geográfica de *B. pinnatum*

8. pinnatum é nativa de Madagáscar (Hamburger *et al.*, 2017). É uma planta de casa popular e naturalizou-se nas regiões temperadas da Ásia, Pacífico e Caraíbas, Austrália, Nova Zelândia, Índias Ocidentais, Macaronésia, Galápagos, Polinésia e Havai. Está amplamente distribuída nas Filipinas e é conhecida como *katakataka*, que significa espantosa ou notável. Grande parte da razão para a naturalização generalizada desta planta pode ser atribuída à sua popularidade como planta de jardim. O grupo é notável pelo crescimento vegetativo de pequenas plântulas nas margens das folhas que acabam por cair e enraizar. Estas plântulas surgem da mitose de tecido de tipo meristemático em entalhes nas folhas (Hamburger *et al.*, 2017).

2.1.4 Utilizações indígenas de *B. pinnatum*

O povo nigeriano e outros países da África Ocidental utilizam as suas folhas carnudas como remédio herbal para uma série de doenças humanas, incluindo: furúnculos, feridas, contusões, picadas de insectos, artrite, reumatismo, dores de cabeça e dores no corpo (Oladoye *et al.*, 2017). É também utilizada no tratamento de cálculos renais, úlceras gástricas, queimaduras e doenças da pele (Aditya *et al.*, 2017). Externamente, a polpa das folhas ou o sumo é aplicado em lesões traumáticas para parar a hemorragia, uma vez que contrai as arteríolas minúsculas e promove a cicatrização sem deixar cicatriz. A erva é altamente recomendada em distúrbios hemorrágicos, hemorróidas e menorragia (Félix-Silva *et al.*, 2017). Os crioulos na América utilizam as folhas ligeiramente torradas no tratamento do cancro e uma infusão de folhas para a febre (Mahata *et al.*, 2012). Os Palikur na Índia misturam o sumo das folhas com óleo de coco e depois esfregam-no na cabeça para enxaquecas e dores de cabeça. No México e na Nicarágua, é utilizada para promover a menstruação e ajudar no parto (Hosomi *et al.*, 2014).

2.2 DOENÇAS CRÓNICAS

Uma doença crónica é uma condição de saúde física ou mental que dura mais de um ano e causa restrições funcionais ou requer monitorização ou tratamento contínuos (Basu *et al.*, 2016; Buttorff *et al.*, 2018). As doenças crónicas estão entre os problemas de saúde mais prevalentes e onerosos a nível mundial. Aproximadamente 25% ou 327,2 milhões de todos os africanos sofrem de pelo menos uma doença crónica (OMS, 2015) e prevê-se que o número aumente 27% nos próximos 10 anos. As doenças crónicas - incluindo o cancro, a diabetes, a hipertensão, o acidente vascular cerebral, as doenças cardíacas, as doenças respiratórias, a artrite, a obesidade e as doenças orais - podem levar à hospitalização, à incapacidade a longo prazo, à redução da qualidade de vida e à morte (Comlossy, 2013; Centers for Disease Control, 2017). De facto, as doenças persistentes são a principal causa de morte e incapacidade (Comlossy, 2013).

A nível mundial, as doenças crónicas têm afetado a saúde e a qualidade de vida de muitos cidadãos (O'Grady e Capretta, 2017; OMS, 2017). Além disso, as doenças crónicas têm sido um dos principais motores dos custos dos cuidados de saúde, ao mesmo tempo que têm impacto nos padrões da força de trabalho, incluindo, naturalmente, o absentismo. De acordo com a Organização Mundial de Saúde, só em 2010, a Nigéria perdeu 400 milhões de dólares em rendimentos nacionais devido a mortes prematuras causadas por doenças cardíacas, acidentes vasculares cerebrais e diabetes (OMS, 2010). Prevê-se que estas perdas continuem a aumentar cumulativamente nos próximos dez anos (OMS, 2012). Assim, a compreensão, a gestão e a prevenção das doenças crónicas são objectivos importantes se, enquanto sociedade, quisermos prestar cuidados de saúde de melhor qualidade aos cidadãos e melhorar a sua qualidade de vida em geral.

O que torna o tratamento das doenças crónicas e os esforços para gerir a saúde da população particularmente difíceis é o facto de as doenças crónicas não existirem frequentemente de forma isolada. De facto, atualmente, um em cada quatro adultos nigerianos tem duas ou mais doenças crónicas (Tinker, 2017), enquanto mais de metade dos adultos mais velhos tem três ou mais doenças crónicas (Tinker, 2017). O envelhecimento da população do país, juntamente com os factores de risco existentes (consumo de tabaco, má nutrição, falta de atividade física) e os avanços médicos que aumentam a longevidade, levaram à conclusão de que estes problemas só irão aumentar se não forem resolvidos de forma eficaz desde já (Raghupathi e Raghupathi, 2013).

2.2.1 Causas das doenças crónicas

O peso atual das doenças não transmissíveis (DNT) resulta da exposição a riscos passados e cumulativos para a saúde, enquanto o peso futuro será determinado pela exposição atual da população a factores de risco (Yach e Beaglehole, 2004). Enquanto a idade, o sexo e a suscetibilidade genética não são modificáveis, outros factores de risco são modificáveis, embora com alguma dificuldade (Tukuitonga, 2006). A relação entre os factores de risco e as doenças crónicas é semelhante em todas as regiões do mundo e mais forte nos países com baixos rendimentos (Rodgers *et al*, 2000). As causas das principais epidemias de doenças crónicas estão bem estabelecidas e são bem conhecidas (Figura 2.0). O envelhecimento da população é um importante fator determinante subjacente, devido à forte associação entre a incidência de doenças e a idade (Yach e Beaglehole, 2004). Outros determinantes subjacentes são um reflexo das principais forças que impulsionam as mudanças sociais, económicas e culturais, incluindo a globalização, a urbanização e o ambiente político geral (OMS, 2015). Além disso, as forças globais, como as do comércio e do marketing, estão a aumentar o enraizamento causal das doenças crónicas em todas as regiões. Por exemplo, um dos efeitos da globalização relacionados com a saúde é a tendência conhecida como "transição nutricional", que, de acordo com Popkin (2002), consiste na substituição de uma dieta tradicional rica em fruta e legumes por uma dieta rica em calorias derivadas de gorduras animais e com menos hidratos de carbono complexos. Com exceção dos países com infra-estruturas menos desenvolvidas, esta transição está em curso em quase todos os cantos do globo (Yach e Beaglehole, 2004). Esta dieta, quando combinada com um baixo nível de atividade física, o consumo regular de tabaco e o consumo de álcool, cria o cenário para uma aterosclerose em toda a população e uma distribuição global de doenças crónicas (OMS, 2015).

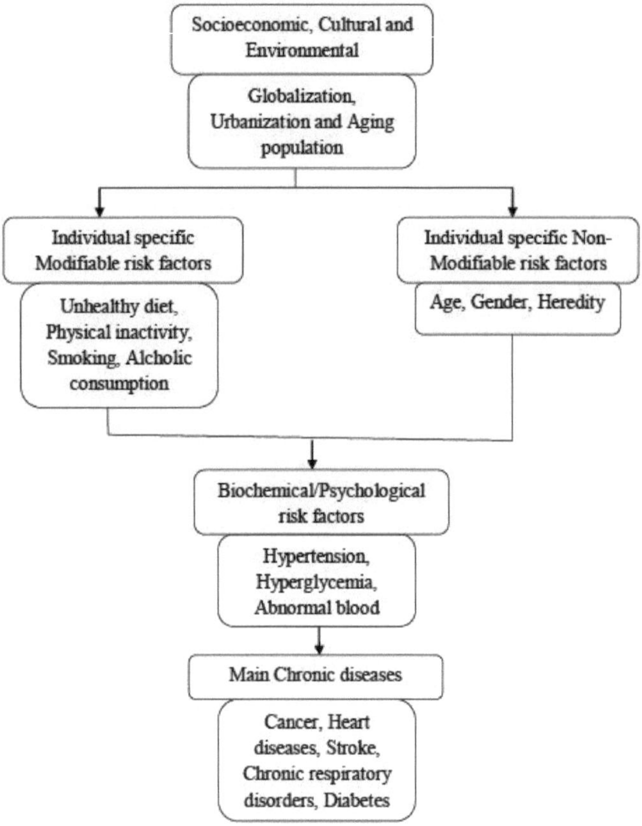

Globalização socioeconómica, cultural e ambiental, urbanização e envelhecimento da população

Factores de risco modificáveis específicos de cada indivíduo

Factores de risco não modificáveis específicos de cada indivíduo

Dieta pouco saudável, inatividade física, tabagismo, consumo de bebidas alcoólicas
Idade, género, hereditariedade
Factores de risco bioquímicos/psicológicos Hipertensão, hiperglicemia, sangue anormal
Principais doenças crónicas Cancro, doenças cardíacas, acidente vascular cerebral, doenças respiratórias crónicas, diabetes

Figura 2.0: Causas das doenças crónicas.

Fonte: (Tukuitonga, 2006).

2.2.2 Peso global das doenças crónicas

A elevada incidência de doenças crónicas representa um desafio não só para o Serviço Nacional de Saúde

A referência original às doenças crónicas como "doenças da afluência" (Ezzati et al., 2005) ou "doenças ocidentais" está a tornar-se rapidamente um termo errado. A referência original às doenças crónicas como "doenças da afluência" (Ezzati *et al.*, 2005) ou "doenças ocidentais" está rapidamente a tornar-se um termo errado. Estas doenças surgem tanto nos países economicamente desfavorecidos como nos grupos populacionais mais pobres dos países mais ricos, e entre as pessoas com rendimentos elevados ou baixos. Esta mudança no padrão da doença está a ocorrer a um ritmo mais rápido nos países em desenvolvimento económico do que no mundo ocidental há meio século (Popkin, 2002). Este ritmo acelerado de mudança, juntamente com o aumento do peso da doença, está a causar uma grande ameaça à saúde pública, que exige uma ação imediata e eficaz. As doenças crónicas são a causa de morte mais comum, lideradas pelas doenças cardiovasculares (17 milhões de mortes em 2002 em todo o mundo, principalmente por doença cardíaca isquémica e acidente vascular cerebral), seguidas do cancro (7 milhões de mortes), das doenças pulmonares crónicas (4 milhões) e da diabetes mellitus (1 milhão) (fig. 2.1) (OMS, 2010). Estas doenças partilham factores de risco fundamentais: o consumo de tabaco, uma alimentação pouco saudável, a inatividade física e o consumo de álcool. As perturbações da saúde mental, que também contribuem para o peso das doenças crónicas, continuam a ser não só negligenciadas como também profundamente estigmatizadas nas sociedades. O estigma conduz frequentemente à discriminação na prestação de serviços para a saúde física dos doentes mentais (Fang e Rizzo, 2007). Prevê-se que, nas próximas duas décadas, o padrão global das doenças crónicas continue a aumentar, sobretudo nos países em desenvolvimento (Yach *et al.*, 2004). As doenças cardiovasculares são já a principal causa de mortalidade nos países em desenvolvimento (OMS, 2003). Até 2030, prevê-se que a mortalidade por doença cardíaca isquémica nestes países (em desenvolvimento) aumente 120% para as mulheres e 137% para os homens (Leeder *et al.*, 2004). As previsões para as próximas duas décadas incluem uma quase triplicação da mortalidade por doença cardíaca isquémica e AVC na América Latina, no Médio Oriente e na África Subsariana. O número global de pessoas com diabetes em 2000 foi estimado em 171 milhões (2,8% da população mundial), prevendo-se que este número aumente para 366 milhões (6,5%) até 2030, dos quais viverão em países menos prósperos (Wild *et al*, 2004; Meetoo *et al.*, 2007). Segundo estes autores, este aumento dever-se-á ao crescimento da população, ao envelhecimento, à urbanização, à obesidade e à inatividade física. Entre 1990 e 2000, registou-se um aumento de 19% do cancro, principalmente nos países de baixos rendimentos (Stewart e Kleihaus, 2003). A morte e a incapacidade causadas pela doença pulmonar obstrutiva crónica (DPOC) estão a aumentar na maioria das regiões (OMS, 2002b). Os riscos de doenças crónicas também estão a aumentar. O tabagismo e a obesidade entre os adolescentes dos países menos prósperos aumentaram na última década e prenunciam um rápido aumento das doenças crónicas (Popkin, 2002). Muitos países em desenvolvimento económico, e países de baixo rendimento prestes a fazer essa transição de desenvolvimento, assistiram a uma rápida deterioração dos seus perfis de risco de doenças crónicas e de mortalidade (OMS, 2002b).

Figura 2.1: Distribuição global do total de mortes por causas principais

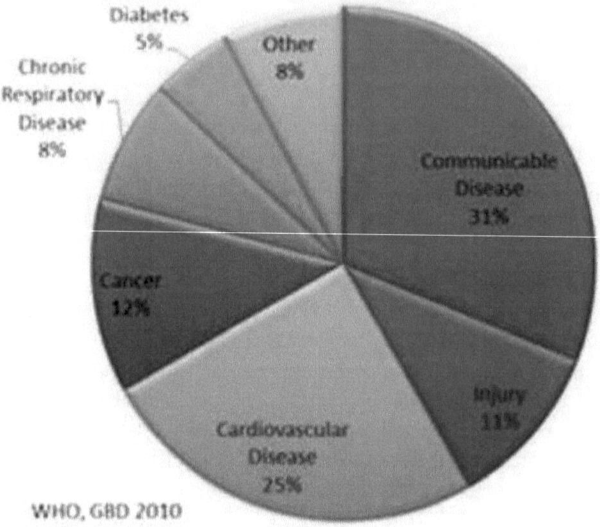

Fonte: (OMS, 2010).

2.3 INFLAMAÇÃO

A inflamação é uma estratégia de proteção desenvolvida em organismos superiores em resposta a insultos prejudiciais, tais como infecções microbianas, lesões tecidulares e outras condições nocivas. Trata-se de uma resposta imunitária essencial do hospedeiro que permite a remoção de estímulos nocivos, bem como a cicatrização de tecidos danificados. Por conseguinte, a inflamação aguda tem sido considerada como uma parte da imunidade inata, a primeira linha de defesa do hospedeiro contra invasores estrangeiros e moléculas perigosas. Há centenas de anos que a humanidade conhece os sintomas clássicos da inflamação, que incluem vermelhidão, dor, inchaço e calor (Medzhitov, 2008). No entanto, a literatura emergente sugere que a inflamação funciona como um sistema muito mais sofisticado do que alguma vez se pensou a nível molecular. Todo o curso da inflamação é acompanhado por muitos processos diferentes envolvidos na sua iniciação, regulação e resolução. Atualmente, foi identificada uma gama diversificada de inflamações, com muitas formas diferentes iniciadas por numerosos estímulos e regidas por vários mecanismos reguladores. Devido à sua natureza extensa e generalizada, acredita-se que a inflamação tem um impacto em todos os aspectos da fisiologia e patologia humanas normais. O conceito atual de inflamação tem crescido significativamente ao longo dos anos devido à vasta expansão do campo em direcções mais divergentes. Como resultado, estamos atualmente longe de poder compreender plenamente as consequências da inflamação na saúde e nas doenças humanas.

2.3.1 Homeostase celular e respostas inflamatórias

Como estratégia de proteção do hospedeiro, um dos principais objectivos da inflamação é restabelecer a homeostasia celular em resposta a qualquer condição prejudicial. O mecanismo subjacente ao início da inflamação está, por conseguinte, estreitamente ligado ao estado fisiológico da homeostasia. Assim, a inflamação é considerada como uma "resposta adaptativa" a qualquer efeito nocivo que ameace a integridade da homeostasia celular. É bastante plausível compreender que esta resposta adaptativa funciona à custa das funções celulares normais (Medzhitov, 2010). Como resultado, a
quanto mais tempo esta resposta persistir, mais o hospedeiro sofrerá consequências nefastas. Em contraste com o seu papel benéfico como salvaguarda da fisiologia celular, a resposta inflamatória tem de ser menos duradoura para evitar qualquer escalada das suas circunstâncias desfavoráveis.

Em resposta a um estimulante adequado, como uma infeção microbiana, invasores estrangeiros ou qualquer irritante (externo ou interno), a inflamação é normalmente iniciada em poucos minutos em qualquer hospedeiro com um sistema imunitário inato funcional. Uma vez que o sistema imunitário inato é o principal contribuinte para a inflamação, as células imunitárias, como os macrófagos, as células dendríticas, os mastócitos, os neutrófilos e os linfócitos, desempenham papéis importantes nas respostas inflamatórias (Akira *et al.*, 2006). Para além das células imunitárias, as células não imunitárias, como as células epiteliais, as células endoteliais e os fibroblastos, também contribuem para os processos inflamatórios. Com base na natureza dos estimulantes, as vias inflamatórias variam significativamente, assim como os seus tecidos-alvo. No caso de uma infeção bacteriana, as células imunitárias, através de receptores específicos, detectam imediatamente os agentes patogénicos. A ativação dos receptores específicos dos agentes patogénicos induz a produção de mediadores inflamatórios, como as citocinas inflamatórias [por exemplo, o fator de necrose tumoral (TNF), a interleucina-1 (IL-1) e a interleucina-6 (IL-6)] e as quimiocinas. Estes mediadores aceleram rapidamente a progressão da inflamação através da modificação da permeabilidade do endotélio vascular, bem como do recrutamento de neutrófilos e do excesso de plasma (contendo anticorpos e factores do complemento) para o local da infeção. Simultaneamente, os agentes patogénicos invasores são visados e destruídos pelas células imunitárias. A duração das respostas inflamatórias varia consoante o nível de danos causados pela infeção.

Na maioria dos casos, estas respostas estendem-se a efeitos sistémicos através da produção excessiva de citocinas inflamatórias, que medeiam a secreção de proteínas de fase aguda (ou seja, proteína C-reactiva e factores de coagulação) pelas células do fígado. Estas proteínas, por sua vez, induzem o endotélio cerebral e facilitam a produção de prostaglandinas, que são as principais responsáveis pelo aparecimento de sintomas (por exemplo, dor e febre) através dos seus efeitos no sistema nervoso central.

Com resultados semelhantes, a infeção viral, por outro lado, conduz a uma via de sinalização distinta através da produção de outra classe de citocinas, como os interferões de tipo 1 (IFNs), e envolve também linfócitos citotóxicos. Os IFN de tipo 1 desempenham um papel central nas respostas antivirais. Por outro lado, as infecções parasitárias, bem como os alergénios, induzem a produção de IL-4, IL-5, IL-13 e histamina (Medzhitov, 2010).

2.3.2 Doenças inflamatórias

As doenças inflamatórias são um grupo de doenças clínicas que se caracterizam por respostas inflamatórias anormais (ou seja, inflamação crónica) como uma das suas principais caraterísticas. A inflamação crónica está tão intimamente ligada à patogénese das doenças inflamatórias que se torna difícil identificar a causa e o efeito destas doenças. Por exemplo, a inflamação é causada pela obesidade, enquanto a inflamação crónica pode levar à diabetes associada à obesidade, em parte devido à resistência à insulina (Hotamisligil, 2006). Mecanismos de feedback semelhantes são também evidentes noutras doenças inflamatórias. Assim, a natureza crónica da inflamação associada a estas doenças é controlada, pelo menos em parte, pelo resultado patológico destas doenças, o que as torna bastante diferentes das induzidas por uma infeção persistente. A artrite reumatoide é outro exemplo perfeito de uma doença crónica associada à inflamação. Na artrite reumatoide, a sinóvia, o revestimento da articulação, sofre uma inflamação crónica devido à infiltração de macrófagos e linfócitos e à ativação dos sinoviócitos, as células sinoviais, que produzem o líquido sinovial. O líquido sinovial durante a artrite reumatoide é invadido por milhares de milhões de neutrófilos todos os dias (Hollingsworth *et al.*, 2017). Foi sugerido que os neutrófilos, que têm uma meia-vida de cerca de 4 horas, contribuem significativamente para a natureza crónica da inflamação no tecido sinovial. É levantada a hipótese de que uma das enzimas dos neutrófilos, a peptidil arginina desaminase citosólica cuja atividade depende dos níveis de Ca^{2+} extracelular, é libertada dos neutrófilos mortos e activada. Esta enzima cria citrulina em algumas proteínas, convertendo as cadeias laterais de guanidina dos resíduos de L-arginina em resíduos de ureido. É interessante verificar que os auto-anticorpos associados à artrite reumatoide reagem com proteínas citrulinadas (Uysal *et al.*, 2009). O mecanismo da resposta inflamatória em algumas doenças inflamatórias pode ser mais complexo do que noutras. O impacto dos distúrbios inflamatórios na saúde humana é muito diversificado, criando doenças que afectam quase todas as funções do organismo. Para mencionar apenas algumas, a inflamação está associada a muitas doenças neurodegenerativas, incluindo a doença de Alzheimer, a doença de Parkinson e a esclerose múltipla (Glass *et al.*, 2010). A doença inflamatória intestinal afecta o intestino (Garrett *et al.*, 2010), enquanto a glomerulonefrite é causada pela inflamação dos glomérulos, pequenos vasos sanguíneos, nos rins (Fakhouri *et al.*, 2010).

2.3.3 A inflamação como alicerce das doenças crónicas

2.3.3.1 Inflamação e cancro

Na última década, tornou-se evidente que a inflamação desempenha um papel fundamental na promoção do cancro, em particular na tumorigénese, um processo de formação de tumores. Para além das células cancerosas, é comum encontrar vários tipos de células imunitárias nos tumores. Curiosamente, um microambiente inflamatório é também mais frequentemente encontrado como parte essencial de todos os tumores (de Visser *et al.*, 2006; Mantovani *et al.*, 2008). Foi demonstrado que a resposta inflamatória desencadeada pela infeção também está associada a um risco acrescido de cancro (de Martel e Franceschi, 2009). Um estudo recente revelou que a tumorigénese pulmonar causada pelo fumo do tabaco é, de facto, iniciada pela inflamação crónica mediada por IKKbeta e JNK1, sugerindo que as vias da tumorigénese e da inflamação estão intimamente ligadas (figura 2.2) (Takahashi *et al.*, 2010). Acredita-se que, para além da resposta inflamatória promotora de tumores, uma imunidade anti-tumoral ativa também está presente na maioria dos microambientes tumorais. Sugere-se assim que a progressão da tumorigénese é ditada pela batalha entre a inflamação promotora de tumores e a imunidade anti-tumoral. Obviamente, nos tumores estabelecidos, a imunidade anti-tumoral é profundamente dominada pela inflamação promotora de tumores (Smyth *et al.*, 2006; Lin e Karin, 2007).

Estudos demonstram que os microambientes inflamatórios não só promovem o crescimento das células cancerosas como também aumentam as taxas de mutação, possivelmente através da produção de espécies reactivas de oxigénio e de intermediários de azoto que podem causar danos no ADN e instabilidade genómica (Grivennikov *et al.*, 2010). O papel da inflamação na instabilidade genómica é apoiado pela observação de que a citidina desaminase induzida por ativação (AID), uma enzima que desencadeia a instabilidade genómica e que é geralmente expressa em excesso em muitos cancros, é induzida por citocinas inflamatórias (Okazaki *et al.*, 2007). Para além da instabilidade genómica, considera-se que os factores ambientais, como os carcinogéneos, os micróbios infecciosos, o fumo do tabaco e os poluentes inalados, desempenham um papel fundamental nos cancros induzidos pela inflamação (Aggarwal *et al.*, 2009). Por conseguinte, nem todas as doenças inflamatórias crónicas estão associadas ao risco de cancro. Por exemplo, a artrite reumatoide não promove o cancro, ao passo que a doença inflamatória intestinal e a hepatite crónica o fazem, devido à exposição a carcinogéneos alimentares e ambientais.

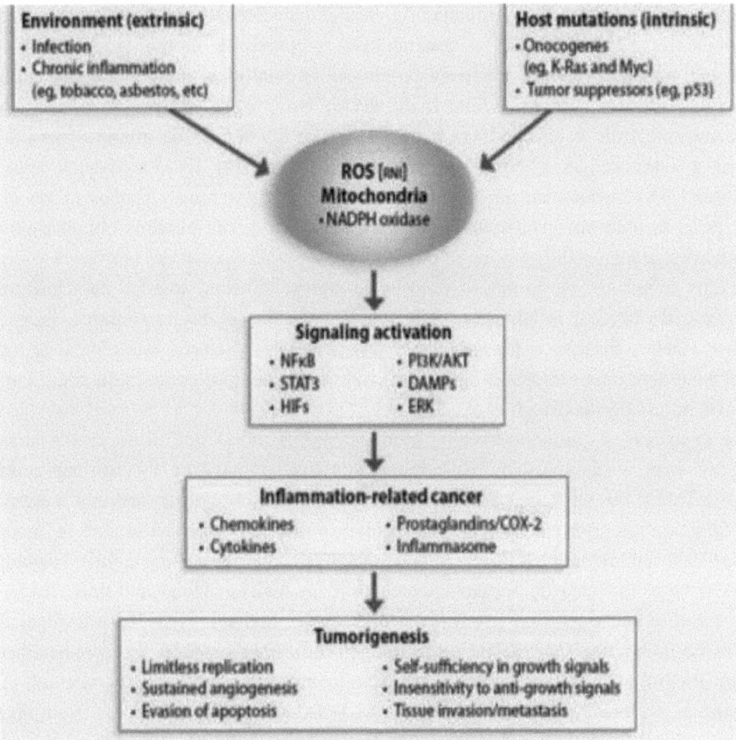

Figura 2.2: Vias que ligam a tumorigénese e a inflamação.

COX-2: ciclo-oxigenase 2; DAMP: padrão molecular associado ao dano; ERK: quinase relacionada com o sinal extracelular; HIF: fator induzido pela hipóxia; NFκB: fator nuclear kappa B; PI3K/AKT: fosfoinositol-3 quinase (PI3K)/proteína quinase B (AKT); RNI: intermediários reactivos de azoto; ROS: espécies reactivas de oxigénio; STAT3: transdução de sinal e ativador da proteína de transcrição 3.

Fonte: (Allavena *et al.*, 2008).

A ligação entre inflamação e cancro não funciona apenas numa direção, uma vez que numerosos estudos demonstraram que os danos no ADN também podem conduzir à inflamação. Utilizando o modelo de carcinoma hepatocelular induzido pelo carcinogéneo dietilnitrosamina (DEN), vários relatórios demonstraram que a morte celular necrótica induzida por danos no ADN conduz à inflamação (Maeda *et al.*, 2005; Sakurai *et al.*, 2008). As oncoproteínas associadas ao cancro, como Ras, Myc e RET, também podem levar à inflamação através da ativação de vias de sinalização envolvidas na produção de citocinas e quimiocinas pró-inflamatórias (Mantovani *et al.*, 2008). Por último, a inflamação associada ao tumor também pode ser instigada pela própria terapia moderna do cancro, como a radioterapia e a quimioterapia. Estas terapias estão geralmente associadas a uma quantidade substancial de morte necrótica não só das células cancerosas mas também das células normais circundantes, o que, por sua vez, ativa a resposta inflamatória (Zong e Thompson, 2006).

2.3.3.2 Inflamação e aterosclerose

A aterosclerose é uma doença inflamatória crónica caracterizada por uma intensa atividade imunológica . A aterosclerose é generalizada e conduz à morbilidade e mortalidade, juntamente com o desenvolvimento de problemas circulatórios, incluindo a doença arterial coronária e a doença cerebrovascular (Falk, 2006). No coração, a aterosclerose pode causar enfarte do miocárdio e insuficiência cardíaca devido à estenose da artéria coronária e, no cérebro, a estenose ou a rutura de placas ateroscleróticas leva a ataques isquémicos transitórios, AVC isquémico ou AVC hemorrágico. Se a estenose afetar os ramos arteriais renais, pode resultar em insuficiência renal e hipertensão geral. Noutros ramos arteriais das extremidades, a aterosclerose pode levar a doença de oclusão arterial periférica e isquemia crítica dos membros. A formação de placas ateroscleróticas, que se caracterizam pela acumulação de lípidos, inflamação local, proliferação de células musculares lisas (SMC), apoptose celular, necrose e fibrose, é um dos principais factores causadores de estenose arterial e envolve uma resposta inflamatória crónica iniciada por danos endoteliais e ativação de células inflamatórias (Singh *et al.*, 2002).

Após a exposição a quimioatraentes e quimiocinas, os monócitos ficam presos através de interações entre a glicoproteína 1 de monócitos P-selectina e as P-selectinas endoteliais (Moore e Tabas, 2011). Para a adesão e a diapedese, os monócitos expressam o antigénio-4 muito tardio da integrina e o antigénio-1 associado à função dos linfócitos para se ligarem aos ligandos das células endoteliais, incluindo a molécula de adesão das células vasculares 1 (VCAM-1) e a molécula de adesão intercelular 1 (ICAM-1) (Moore e Tabas, 2011). Estes monócitos diferenciam-se em macrófagos através de mediadores do fator estimulador de colónias de monócitos (M-CSF). Os macrófagos utilizam receptores de reconhecimento de padrões (PRRs), incluindo substâncias de reação lenta (SRs) e receptores do tipo toll (TLRs), tais como as proteínas transmembranares SR-A (CD204), CD36, recetor de macrófago com estrutura colagénica e recetor 1 (LOX-1) de lipoproteína de baixa densidade oxidada (LDL) do tipo lectina, para mediar a internalização de endotoxinas, corpos apoptóticos e partículas de LDL (Rizzacasa *et al.*, 2017). Após a ativação, os monócitos diferenciam-se em dois fenótipos principais de macrófagos: Macrófagos M1 e M2. Tanto os macrófagos inflamatórios M1 como os reguladores M2 são encontrados nas lesões ateroscleróticas. Os macrófagos M1 contribuem para a inflamação segregando citocinas pró-inflamatórias após a ingestão de LDL modificado e apresentando o antigénio às células T através de PRRs, o que resulta na libertação de citocinas pró-inflamatórias, incluindo IL-1, IL-6, IL-12, IL-15, IL-18, MIF e TNF-α, para ativar as células T. Os macrófagos M2 têm funções anti-inflamatórias para resolver a inflamação da placa por eferocitose e libertação de citocinas Th2, como IL-4, IL-10 e IL-13 (Figura 2.3) (Alberts-Grill *et al.*, 2013).

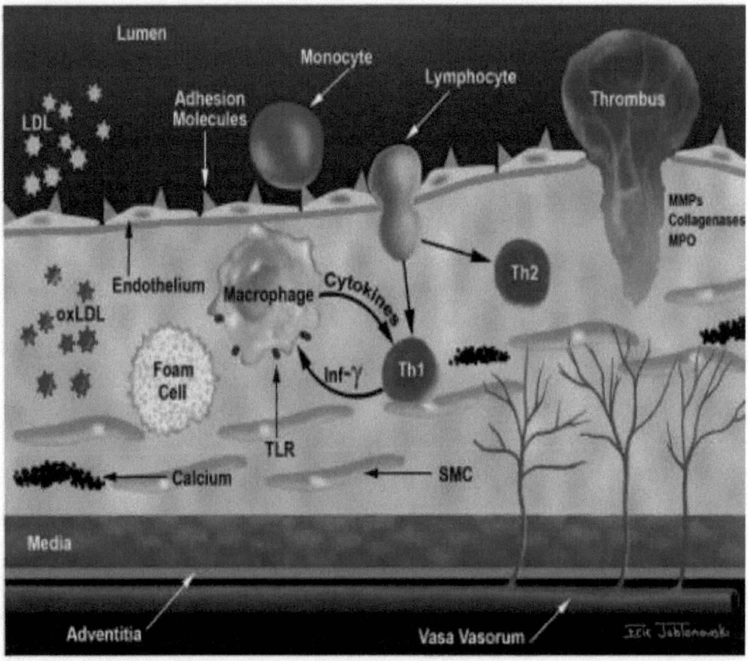

Figura 2.3: Representação esquemática das múltiplas etapas inerentes à formação e rutura de uma placa aterosclerótica.

Inf-Y; interferão gama; MMPs: metaloproteinases da matriz; MPO: mieloperoxidase; SMC: células musculares lisas; Th1: linfócitos T-helper 1; Th12: linfócitos T-helper 2; TLR: toll like recetor.

Fonte: (Alberts-Grill *et al.*, 2013).

Na lesão aterosclerótica, o TGF-β dos macrófagos desempenha um papel na biologia vascular, afectando a proliferação, diferenciação, migração, adesão, apoptose e produção de matriz extracelular das células (Grainger, 2004). O TGF-β regula tanto a vasodilatação como a vasoconstrição através da via TGF-β/ALK5/Smad3, induzindo a expressão de ET-1 nas células endoteliais e diminuindo a migração e a proliferação das células endoteliais (Grainger, 2004). No entanto, o TGF-β tem um papel duplo na aterosclerose (Xu *et al.*, 2010). Tem uma função pró-aterosclerótica ao aumentar a proliferação das células musculares lisas vasculares (VSMC) (Grainger, 2007); enquanto os processos anti-ateroscleróticos do fator de crescimento transformador beta (TGF-β) envolvem a redução do recrutamento de células inflamatórias, a adesão plaquetária e a ativação de macrófagos (McCaffrey, 2000). Em vez de uma função totalmente pró- ou anti-aterogénica, está demonstrado que o TGF-β tem efeitos bifuncionais na aterosclerose (Grainger, 2007; Xu *et al.*, 2010). Os TLRs também se ligam a moléculas e iniciam uma cascata de sinalização que promove a ativação dos macrófagos para produzir citocinas inflamatórias, proteases e moléculas citotóxicas de radicais de oxigénio e azoto. Actividades semelhantes ocorrem nas células dendríticas (DC), nos mastócitos e nas células endoteliais, que também albergam TLR (Falck-Hansen *et al.*, 2013). O fator de crescimento endotelial vascular também é libertado pelos macrófagos e promove a angiogénese (Galkina e Ley, 2009). A acumulação de colesterol ocorre nos macrófagos após a captação de ox-LDL pelos SRs, incluindo CD36, receptores scavenger tipo 1 (SR-A1) e LOX-1. Os ésteres de colesterol são hidrolisados e as moléculas de ox-LDL são catabolizadas pelos endossomas e lisossomas dos macrófagos. No retículo endoplasmático, a acil coenzima A colesterol aciltransferase-1 esterifica o colesterol livre e armazena-o em gotículas lipídicas. Na aterosclerose, a homeostase lipídica nos macrófagos é perturbada, causando a formação de células espumosas. A apoptose das células espumosas é induzida por um stress prolongado do retículo endoplasmático devido à sua eliminação ineficaz pelos macrófagos. Isto resulta numa necrose celular secundária, que subsequentemente forma um núcleo necrótico. Os macrófagos desencadeiam a apoptose na manutenção estrutural dos cromossomas (SMC) através da ativação da via apoptótica FAS e da secreção do fator de necrose tumoral alfa (TNF-α) e do óxido nítrico (NO) pró-apoptóticos. Os macrófagos também diminuem a síntese de colagénio nas SMCs e degradam vários tipos de matriz extracelular através de metalopeptidases da matriz (MMPs) derivadas de macrófagos, especialmente MMP-2 e MMP-9. A morte das SMC e o enfraquecimento da matriz extracelular causam a rutura das lesões ateroscleróticas, e a exposição do material trombogénico provoca a adesão e a agregação das plaquetas.

2.3.3.3 Inflamação e doenças cardiovasculares

As doenças cardiovasculares (DCV) englobam várias entidades, como a doença arterial coronária, os eventos cerebrovasculares, a doença arterial periférica, a estenose da artéria renal e o aneurisma da aorta. As DCV são, a nível mundial, a principal causa de morte (Moran *et al.*, 2014). A doença arterial coronária e o acidente vascular cerebral são a causa de 80% das mortes por DCV nos homens e de 75% nas mulheres (Moran *et al.*, 2014). Um dos principais eventos subjacentes ao desenvolvimento de uma DCV é a presença de ateromatose, em que o colesterol é indiscutivelmente reconhecido como um fator ambiental e genético da doença (Steinberg, 2006). No entanto, em contraste com a noção de que a aterosclerose representa uma consequência da acumulação de lípidos como um processo de envelhecimento e degenerativo, o conceito de inflamação está agora no centro da investigação atual, abordando questões relativas aos mecanismos inflamatórios envolvidos, bem como formas de intervenção terapêutica (Zhu *et al.*, 2018). A ligação entre o aumento do risco cardiovascular e a inflamação sistémica foi inicialmente descrita na população em geral (Kaptoge *et al.*, 2010). A artrite reumatoide (AR), o protótipo da doença inflamatória sistémica das articulações, caracterizada por níveis elevados de proteína C-reactiva (PCR) e outras citocinas inflamatórias, leva a um aumento da mortalidade principalmente devido a DCV (Gabriel, 2008). De facto, a AR foi recentemente reconhecida como um fator de risco independente para a DCV, análogo à diabetes mellitus (Peters *et al.*, 2009). As citocinas como o TNF-α e a IL-6 têm um papel central na fisiopatologia da AR. Assim, a contribuição da inflamação sistémica para o aumento do risco de DCV em doentes com AR parece ser verdadeira, mas o impacto exato, para além dos factores de risco tradicionais, ainda está a ser investigado, podendo as complicações relacionadas com a AR atuar como factores de confusão (Giles *et al.*, 2008). Deve acrescentar-se que o risco de DCV em doentes com AR, para além do aumento da aterosclerose, está também relacionado com doenças cardíacas não isquémicas decorrentes de condições como a miocardite, a disfunção diastólica do ventrículo esquerdo e a hipertensão pulmonar (Cooksey *et al.*, 2018).

O TNF-α e, recentemente, a IL-17 foram reconhecidos como mediadores importantes na patogénese das espondilartropatias. Foi demonstrado que a IL-17, particularmente em combinação com o TNF-α, promove efeitos pró-inflamatórios, pró-coagulantes e pró-trombóticos nos vasos sanguíneos. Por exemplo, em células endoteliais primárias, a IL-17 regulou positivamente 248 genes pró-inflamatórios e, quando combinada com o TNF-α, este número aumentou (Hot *et al.*, 2012).

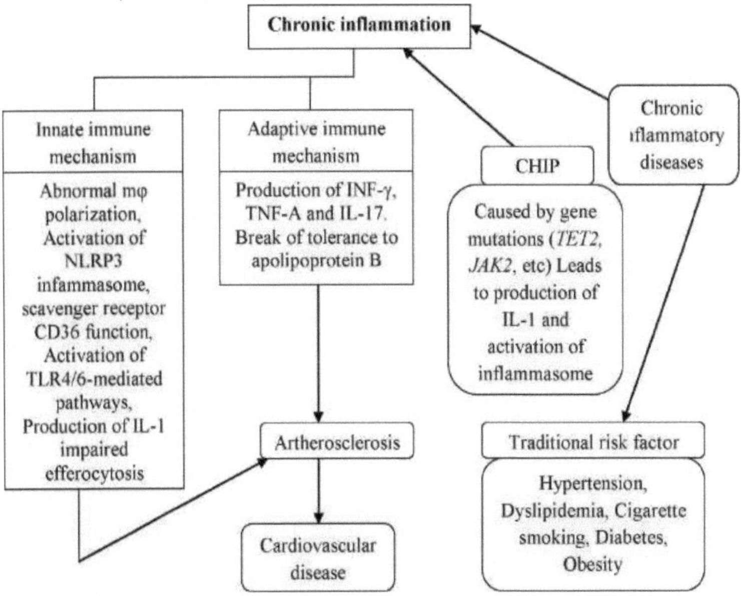

Figura 2.4: Relação entre Inflamação e Doença Cardiovascular.

Mφ: Macrófago; TLR: Recetor do tipo Toll; CHIP: Hematopoiese clonal de potencial indeterminado; AR: Artrite reumatoide;

Fonte: (Katsiari *et al.*, 2019).

2.4 TENDÊNCIAS ACTUAIS NO TRATAMENTO E GESTÃO DE DOENÇAS INFLAMATÓRIAS

As doenças com etiologia ou patologia inflamatória estão a ter um aumento de incidência em todo o mundo nos últimos tempos (Ponder e Long, 2013; Vishal *et al.*, 2014). Estas doenças inflamatórias, devido ao envolvimento de múltiplos sistemas, estão a tornar-se difíceis de tratar; envolvem uma terapia de longa duração, quando aplicável, um custo elevado para a gestão e estão a ter um impacto deletério na saúde (Vishal *et al.*, 2014; Ray, 2016).

Os fármacos químicos sintéticos são os medicamentos anti-inflamatórios mais comuns aplicados regularmente para o tratamento destas doenças (Cipolla *et al.*, 2012). Embora sejam eficazes e de ação rápida, estes medicamentos têm muitas limitações (Vishal *et al.*, 2014). Têm efeitos secundários graves, são dispendiosos e raramente estão disponíveis em todos os países (Sostres *et al.*, 2013). Na alternativa, as ervas medicinais estão a revelar-se benéficas e a ganhar importância na prevenção e no tratamento de doenças inflamatórias (Maroon *et al.*, 2010; Ghasemian *et al.*, 2016; Adegbola *et al.*, 2017). Eles eram eficazes, baratos, facilmente disponíveis e acessíveis, e estão ganhando popularidade entre as massas (Gessner *et al.*, 2017). As ervas anti-inflamatórias são plantas que demonstraram atividade anti-inflamatória em aplicações tradicionais, ensaios clínicos ou avaliação experimental (Ghasemian *et al.*,

2016; Gessner *et al.*, 2017). Tornaram-se áreas recentes de investigação, uma vez que os agentes anti-inflamatórios sintéticos têm demonstrado muitos problemas de saúde (Yatoo *et al.*, 2017b). Estas ervas contêm fitoconstituintes que têm propriedades anti-inflamatórias. Os agentes anti-inflamatórios são as entidades químicas que podem prevenir a inflamação. Eles podem ser sintéticos ou naturais, sendo os primeiros esteróides e não esteróides com muitos efeitos colaterais e os últimos, de origem vegetal e / ou microbiana com menos ou nenhum efeito colateral (Arfè *et al.*, 2016; Peesa *et al.*, 2016; Gessner *et al.*, 2017).

2.4.1 Anti-inflamatórios químicos

São geralmente fármacos sintéticos que previnem o processo inflamatório por ação hormonal, inibindo enzimas, proteínas e factores inflamatórios ou favorecendo a resposta anti-inflamatória (Ricciotti e Fitz-Gerald, 2011; Vishal *et al.*, 2014). Pertencem a duas classes distintas, com base na presença e ausência de porções esteroidais (Bermas, 2014). Assim, eles podem ser anti-inflamatórios esteroidais (SAIDs) e anti-inflamatórios não esteroidais (NSAIDs) (Juthani *et al.*, 2017).

2.4.1.1 Anti-inflamatórios esteróides (AASI)

Estes foram os primeiros a ser aplicados contra condições inflamatórias e têm uma ação rápida e potente (Rhen e Cidlowski, 2005; Ayroldi *et al.*, 2012). Contêm hormonas esteróides, corticosteróides ou glucocorticóides (GC) (Rhen e Cidlowski, 2005). Os GC são uma classe de corticosteróides, que são uma classe de hormonas esteróides (dexametasona, prednisolona) (Ayroldi *et al.*, 2012). Os glicocorticoides são corticosteroides que têm efeitos anti-inflamatórios, imunossupressores, metabólicos e de desenvolvimento, excitação e cognição, homeostase de fluidos corporais (Shaikh *et al.*, 2012; Juthani *et al.*, 2017). São utilizados na reposição fisiológica, imunossupressão terapêutica, anti-inflamatória, hiperaldosteronismo e insuficiência cardíaca. No entanto, existem muitos efeitos colaterais e limitações associadas aos antiinflamatórios esteroidais. Os principais efeitos colaterais e limitações são aborto, imunodeficiência, ganho de peso, distúrbios hormonais, dependência, complicações de abstinência, custo e disponibilidade (Rhen e Cidlowski, 2005; Juthani *et al.*, 2017).

2.4.1.2 Anti-inflamatórios não esteróides (AINE)

Estes foram desenvolvidos para ultrapassar os efeitos secundários e as limitações dos anti-inflamatórios esteróides (Rainsford, 2007). Provaram ser benéficos em muitos atributos e são bastante eficazes. As diferentes classes de AINEs baseiam-se nos derivados químicos e no mecanismo de ação (Rainsford, 2007). Quimicamente, podem ser derivados do salicilato (aspirina, salicilato de sódio e diflunisal), derivados do ácido propiónico (ibuprofeno, cetoprofeno, naproxeno), derivados do ácido arilacético (diclofenac, cetorolac), derivados do indol (indometacina, sulindac), alcanonas (nabumetona), oxicams (piroxicam, tenoxicam, meloxicam), derivados do ácido antranílico (fenamatos) (ácido mefenâmico e ácido flufenâmico), derivados da pirazolona (fenilbutazona, oxifenbutazona, azapropazona (apazona) e dipirona (novalgina) e derivados da anilina (apenas analgésicos) (paracetamol).

Com base no mecanismo de ação, podem ser inibidores irreversíveis não selectivos da COX, inibidores reversíveis não selectivos da COX, inibidores preferenciais da COX 2 (meloxicam, etodolac, nabumetona), inibidores selectivos da COX 2 (celecoxib, etoricoxib, rofecoxib, valdecoxib) e inibidores da COX 3 (Sostres *et al.*, 2013).

No entanto, tal como os anti-inflamatórios esteróides, os AINEs também revelaram muitos efeitos secundários e limitações. Actuam em muitos sistemas do organismo e afectam os processos fisiológicos normais. Actuam no sistema nervoso central causando cefaleias, zumbidos, tonturas, visão turva, irritabilidade, hiperventilação (salicilismo). As perturbações no sistema cardiovascular causam retenção de líquidos, edema e insuficiência cardíaca (Sostres *et al.*, 2013). As perturbações do trato gastrointestinal (TGI) provocam dor abdominal, náuseas, vómitos, ulceração péptica e hemorragia. A hipersensibilidade induzida por AINEs causa asma brônquica, angioedema e erupções cutâneas. Podem também causar trombocitopenia, hipoprotrombinemia e tendência para hemorragias (a aspirina compete com a vitamina K, diminuindo assim a síntese de protrombina). Para além dos efeitos secundários, existem muitas contra-indicações em que os AINE não podem ser utilizados, tais como úlcera péptica, varizes esofágicas, asma brônquica, idiossincrasia, alergia, infeção viral, especialmente em recém-nascidos, tendência hemorrágica e pequenas doses na gota (compete com a excreção de ácido úrico) (Sostres *et al.*, 2013). Erosão da mucosa gástrica e subsequente ulceração do estômago; hemorragia e, por fim, morte são as consequências do uso de AINEs por um período prolongado (Avorn, 2007; Trelle *et al.*, 2011).

Os imunossupressores também são utilizados para doenças anti-inflamatórias. Podem incluir inibidores da calcineurina (tacrolimus e ciclosporina), agentes antiproliferativos (micofenolato de mofetil, micofenolato de sódio e azatioprina), inibidor de mTOR (sirolimus) e esteróides (prednisona). Mas têm muitos efeitos secundários, como imunossupressão, predisposição para infecções, genotoxicidade, efeitos mutagénicos e teratogénicos (Hartono *et al.*, 2013).

Estas classes químicas de medicamentos, incluindo os esteróides, os não esteróides e os imunossupressores, foram as primeiras classes de medicamentos anti-inflamatórios eficazes e proeminentes, tendo sido improvisadas de tempos a tempos para melhorar o tratamento de várias doenças da humanidade. No entanto, com o passar do tempo e a melhoria do conhecimento e da compreensão das doenças e dos processos vitais, os efeitos adversos destas classes vieram ao de cima. Assim, para ultrapassar estes efeitos secundários e as limitações dos anti-inflamatórios sintéticos, tanto esteróides como AINE, estão atualmente a ser exploradas novas alternativas benéficas, eficazes e acessíveis, com menos ou nenhuns efeitos secundários, sendo os medicamentos à base de plantas de importância primordial.

Para além da exploração das práticas tradicionais e dos medicamentos naturais à base de plantas, que eram rentáveis, praticados de forma proeminente nos primeiros tempos e com efeitos secundários menores ou inexistentes, voltaram a surgir com um futuro promissor de avanços na prevenção e no tratamento de doenças inflamatórias. Assim, os medicamentos à base de plantas provaram ser benéficos e precisam de ser mais explorados para futuros avanços nos cuidados de saúde.

2.4.2 Ervas anti-inflamatórias

Este é um dos aspectos mais importantes das medicinas complementares para a prevenção e o tratamento de doenças inflamatórias. Muitas ervas anti-inflamatórias têm sido utilizadas durante um período prolongado (Mahomoodally, 2013; Saeed *et al.*, 2017). No entanto, não foi feita muita investigação no que diz respeito aos seus modos de ação. Mas as ervas têm acrescentado valor à medicina tradicional e moderna (Darshan e Doreswamy, 2004), e talvez continuem a acrescentar valores no futuro também. As ervas anti-inflamatórias naturais têm sido bem exploradas (Ojewole 2005; Mukherjee *et al.*, 2008; Maroon *et al.*, 2010). No entanto, há uma escassez de relatórios na literatura sobre as actividades anti-inflamatórias de *B. pinnatum* e o seu modo de ação não foi bem documentado.

2.5 AGENTES INFECCIOSOS E INFLAMAÇÃO

2.5.1 Infecções e artrite

A artrite infecciosa em crianças e adultos pode ser causada por bactérias, vírus, fungos ou

micoplasmas. Na artrite autoimune, como a artrite reumatoide (AR) e a espondiloartrite (SpA), a hipótese de um evento infecioso como causa da indução da doença e da recaída tem sido considerada há muito tempo. Arleevskaya *et al.* (2014) demonstraram, durante um estudo de acompanhamento de 10 anos, que as infecções menores são mais frequentes e prolongadas nos doentes com AR e nos seus familiares do que nas famílias sem história de autoimunidade. Este facto sugere um papel para alguns defeitos predisponentes dos mecanismos de defesa antibacterianos, mais do que para um microrganismo específico. No entanto, embora até agora não tenha sido claramente identificado nenhum agente patogénico causador nem tenha sido estabelecida uma correlação direta com uma infeção específica, tal não implica a sua ausência. De facto, muitos agentes patogénicos foram indicados como possíveis desencadeadores da doença da AR , mas a heterogeneidade dos estudos impede a formação de quaisquer conclusões (Arleevskaya *et al.*, 2016). A ideia mais intrigante e apoiada para um papel da infeção no desencadeamento da AR é que o microrganismo pode entrar e localizar-se no intestino, nos pulmões ou na boca; onde pode interagir com factores ambientais como o fumo e os medicamentos e, com uma predisposição genética, levar à inflamação das mucosas. Esta, por sua vez, resulta num aumento da ativação imunitária e na disseminação de mediadores inflamatórios, que perpetuam a doença localmente. Ativação imunitária exacerbada
pode também levar à migração aberrante de macrófagos intestinais e linfócitos da mucosa inflamada para as articulações.

A ligação complexa e interligada entre micróbios e inflamação das articulações é um desafio frequente para os clínicos. Um aumento grave dos parâmetros inflamatórios serológicos (ou seja, taxa de sedimentação de eritrócitos e proteína C reactiva), induzido por uma infeção concomitante num doente com artrite autoimune sob terapêutica imunossupressora, é comum na prática clínica reumatológica. De facto, a estimulação da inflamação sistémica induzida pelo agente patogénico infecioso pode assemelhar-se a uma reativação da artrite autoimune, levando os clínicos a aumentar a terapêutica imunossupressora com o consequente agravamento e disseminação da infeção.

A relação entre micróbios e artrite tem também um amplo espetro de expressão clínica. De facto, pode variar desde a artrite séptica, em que o agente patogénico é diretamente responsável pela inflamação e lesão das articulações, até à artrite reactiva (ReA). Nesta última, as infecções por microrganismos, principalmente Gram-negativos, tais como *Chlamydia trachomatis*, *Yersinia*, *Salmonella*, *Shigella* e *Campylobacter* (Espinoza e García-Valladares, 2013), encontram um fundo geneticamente predisposto (i.e., HLAB27), resultando eventualmente em inflamação crónica. No entanto, o mecanismo subjacente à estimulação imunitária e consequente migração para o tecido sinovial distante é pouco conhecido. Vale a pena mencionar que foram encontrados clones de células T específicos para bactérias entéricas no tecido sinovial de pacientes com artrite reativa (ReA).

Pode argumentar-se que o reconhecimento precoce e a erradicação do foco infecioso podem levar a uma resolução do estímulo inflamatório e à consequente interrupção do ciclo imunitário crónico. Este pode ser o caso do tratamento periodontal na AR precoce, da terapêutica antibiótica para o Streptococcus beta-hemolítico na febre reumática e do tratamento anti-hepatite C (HCV) na crioglobulinemia mista.

Recentemente, Campisi *et al.* (2016), utilizando um conjunto complexo e elegante de experiências em ratos, demonstraram que a infeção microbiana em locais da mucosa pode provocar uma quebra na tolerância, promovendo a apresentação de auto-antigénios derivados de corpos apoptóticos de células epiteliais. A apoptose das células do cólon infectadas leva à geração de células T antipatógenas e autorreativas, principalmente células Th17, com produção de autoanticorpos e inflamação (Campisi *et al.*, 2016). Estes resultados têm implicações importantes para a compreensão da forma como as infecções podem estimular o desenvolvimento de autoimunidade num contexto imunológico diferente da ativação de células T autoreactivas ou do mimetismo de epítopos. O risco de infecções em doentes auto-imunes é mais elevado do que em indivíduos saudáveis, devido a factores endógenos (sistema imunitário disfuncional) e externos (ou seja, comorbilidades e terapia imunossupressora). O risco foi relatado como sendo aproximadamente o dobro para infecções dos ossos e articulações, pele, tecidos moles e trato respiratório. Além disso, sabe-se que as infecções podem induzir recaídas da doença, apresentar um resultado clínico mais grave e podem ser uma causa frequente de morte em indivíduos imunodeprimidos (Gonzalez *et al.*, 2007).

2.5.2 Artrite reactiva

A artrite reactiva é definida como a inflamação de uma ou mais articulações relacionada com uma infeção num local distante da articulação. As infecções do trato gastrointestinal, geniturinário e respiratório estão associadas à artrite reactiva e há um número crescente de agentes patogénicos implicados (Hannu *et al.*, 2005; Jalava *et al.*, 2006). As crianças têm menos probabilidades do que os adultos de desenvolver artrite reactiva após uma infeção entérica. Os organismos mais frequentemente associados à artrite reactiva incluem *Shigella spp, Salmonella spp, Yersinia enterocolitica, Campylobacter spp, Streptococcus pyogenes, Neisseria gonorrhoeae e Neisseria meningitides* (Hannu *et al.*, 2005).

2.5.3 Artrite piogénica (bacteriana)

A incidência da artrite piogénica é menor do que a da sinovite transitória e varia substancialmente, dependendo da população estudada (Riise *et al.*, 2008; Kang *et al.*, 2009). Embora a artrite piogénica ocorra em todos os grupos etários, o pico de incidência da doença ocorre em crianças com menos de 3 anos de idade (Kang *et al.*, 2009). É comum haver um historial de traumatismo temporalmente relacionado com o início da artrite causada por *Staphylococcus aureus* (Liu *et al.*, 2011). A infeção do trato respiratório superior precede frequentemente a artrite piogénica causada por *Haemophilus influenzae* tipo b (Hib) e *Kingella kingae* (*K. kingae*) (Dubnov-Raz *et al.*, 2008). A gastroenterite e a estomatite aftosa também podem preceder a artrite por *K. kingae*. Embora a maioria das crianças não tenha qualquer doença subjacente, os factores de risco para a artrite piogénica incluem imunodeficiência, hemoglobinopatia, diabetes, abuso de drogas intravenosas e artrite reumatoide (Dubnov-Raz *et al.*, 2008).

A maioria dos casos de artrite piogénica na infância segue-se à disseminação hematogénica de organismos para a sinóvia vascular do espaço articular. Os modelos animais de artrite bacteriana por Hib ilustram os possíveis mecanismos de lesão articular (Poehling *et al.*, 2006). A endotoxina bacteriana no espaço articular estimula a libertação do fator de necrose tumoral e da interleucina-1 (Dubnov-Raz *et al.*, 2008). Estas citocinas estimulam a produção de proteinases pelas células sinoviais e condrócitos, aumentando a migração de leucócitos. As elastases de neutrófilos aumentam a destruição da matriz da cartilagem dentro da articulação. As bactérias também podem espalhar-se para as articulações a partir de osteomielite contígua. A presença de vasos sanguíneos trans-fisários na criança com menos de 18 meses facilita a propagação da infeção da metáfise através da placa de crescimento para a epífise e espaço articular adjacente (Perlman *et al.*, 2000). A idade é o fator de previsão mais importante da etiologia da artrite piogénica (Yagupsky, 2004). *O S. aureus*, os organismos gram-negativos entéricos e o *Streptococcuspneumoniae* são as causas mais frequentes de artrite piogénica entre os recém-nascidos (Yagupsky, 2004). *S. aureus* e *S. pyogenes* são as causas mais comuns de artrite piogénica em crianças com mais de 5 anos. Outros organismos que causam artrite piogénica em crianças incluem *K. kingae* (Dubnov-Raz *et al.*, 2008), *Neisseria meningitides* (Vander-Have *et al.*, 2009), *Salmonella spp.* (Feldman, 2006). Também foram comunicadas infecções das articulações causadas por *Pseudomonas aeruginosa* e *Candida spp.* em toxicodependentes por via intravenosa (Dubnov-Raz *et al.*, 2008).

2.5.4 Artrite fúngica

A artrite fúngica é pouco comum em crianças saudáveis, exceto em áreas endémicas para fungos específicos. A artrite monoarticular crónica é típica da maioria das infecções fúngicas das articulações. O diagnóstico da artrite requer normalmente a avaliação microscópica de amostras de biópsia sinovial e a cultura de tecido e líquido sinoviais, sendo normalmente causada por espécies de Candida. A artrite causada por Candida spp. ocorre por disseminação hematogénica ou, raramente, por inoculação direta do organismo no espaço articular. Os factores de risco nos recém-nascidos incluem a prematuridade, a utilização de antibióticos de largo espetro, a alimentação intravenosa e a presença de um cateter intravascular (Cieslak e Rajnik, 2005). Os factores de risco em crianças mais velhas incluem a imunossupressão e a utilização de drogas intravenosas com manifestações clínicas variáveis. As crianças com doença disseminada têm um início agudo de febre, doença sistémica e sintomas articulares. Noutros casos, os sintomas sistémicos são ligeiros ou estão ausentes. Os sintomas articulares podem persistir durante meses ou anos antes de se estabelecer o diagnóstico. Os recém-nascidos têm frequentemente envolvimento poliarticular, mas a infeção monoarticular é típica em crianças mais velhas. O joelho é mais frequentemente afetado. A artrite causada por Candida spp. em utilizadores de drogas intravenosas ocorre frequentemente em articulações fibro-cartilaginosas, como a articulação sacro-ilíaca, as articulações costo-condrais e os discos intervertebrais (Wheat *et al.*, 2007).

2.6 RESPOSTAS INFLAMATÓRIAS E DOENÇAS ASSOCIADAS À INFLAMAÇÃO NOS ÓRGÃOS

A resposta inflamatória consiste na ativação coordenada de vias de sinalização que regulam os níveis de mediadores inflamatórios nas células tecidulares residentes e nas células inflamatórias recrutadas a partir do sangue (Lawrence, 2009). A inflamação é uma patogénese comum de muitas doenças crónicas, incluindo doenças cardiovasculares e intestinais, diabetes, artrite e cancro (Libby, 2007). Embora os processos de resposta inflamatória dependam da natureza precisa do estímulo inicial e da sua localização no corpo, todos partilham um mecanismo comum, que pode ser resumido em: ativação de vias inflamatórias; libertação de marcadores inflamatórios e recrutamento de células inflamatórias.

2.6.1 Ativação das vias inflamatórias

As vias inflamatórias têm impacto na patogénese de uma série de doenças crónicas e envolvem mediadores inflamatórios e vias reguladoras comuns. Os estímulos inflamatórios activam as vias de sinalização intracelular que, por sua vez, activam a produção de mediadores inflamatórios. Os estímulos inflamatórios primários, incluindo produtos microbianos e citocinas como a interleucina-1β (IL-Iβ), a interleucina-6 (IL-6) e o fator de necrose tumoral-α (TNF-α), medeiam a inflamação através da interação com os TLRs, o recetor de IL-1 (IL-1R), o recetor de IL-6 (IL-6R) e o recetor de TNF (TNFR). A ativação dos recetores desencadeia importantes vias de sinalização intracelular, incluindo a proteína quinase ativada por mitogénio (MAPK), o fator nuclear kappa-B (NF-κB) e a Janus quinase

(JAK), vias de Transdutor de Sinal e Ativador de Transcrição (STAT) (Henríquez-Olguín *et al.*, 2015; Hendrayani *et al.*, 2016).

2.6.2 Marcadores inflamatórios

Os marcadores são utilizados em aplicações clínicas para indicar processos biológicos normais ou patogénicos e para avaliar a resposta a intervenções terapêuticas. Os marcadores inflamatórios podem ser preditivos de doenças inflamatórias (Bautista *et al.*, 2005; Ross, 2009) e correlacionar-se com as causas e consequências de várias doenças inflamatórias, tais como doenças cardiovasculares, disfunções endoteliais e infecções (Carrero *et al.*, 2008; Machowska *et al.*, 2016). Os estímulos ativam células inflamatórias, como macrófagos e adipócitos, e induzem a produção de citocinas inflamatórias, como IL-Iβ, IL-6, TNF-α, e proteínas e enzimas inflamatórias. Estas moléculas podem potencialmente servir como biomarcadores para o diagnóstico de doenças, prognóstico e tomada de decisões terapêuticas (Miller *et al.*, 2009; Gupta *et al.*, 2012).

2.6.3 Citocinas inflamatórias

As citocinas (Tabela 2) são predominantemente libertadas pelas células imunitárias, incluindo monócitos, macrófagos e linfócitos. As citocinas pró e anti-inflamatórias facilitam e inibem a inflamação, respetivamente. As citocinas inflamatórias são classificadas como interleucinas (ILs), factores estimuladores de colónias (CSF), interferões (IFNs), factores de necrose tumoral (TNFs) e quimiocinas, e são produzidas pelas células principalmente para recrutar leucócitos para o local da infeção ou lesão (Turner *et al.*, 2014). As citocinas modulam a resposta imunitária à infeção ou inflamação e regulam a própria inflamação através de uma complexa rede de interações. No entanto, a produção excessiva de citocinas inflamatórias pode levar a danos nos tecidos, alterações hemodinâmicas, falência de órgãos e, em última análise, à morte (Czaja, 2014; Liu *et al.*, 2016). Uma melhor compreensão de como regular as vias das citocinas permitiria uma identificação mais precisa da inflamação mediada por agentes e o tratamento de doenças inflamatórias (Turner *et al.*, 2014).

Tabela 2.0: Resumo das citocinas e das suas funções

Citocina	Família	Principais fontes	Função
IL-1ß	IL-1	Macrófagos, monócitos	Pró-inflamação, proliferação, apoptose, diferenciação.
IL-4	IL-4	Células Th	Anti-inflamação, proliferação de células T e de células B, diferenciação de células B.
IL-6	IL-6	Macrófagos, células T, adipócitos.	Pró-inflamação, diferenciação, produção de citocinas.
IL-8	CXC	Macrófagos, células epiteliais, células endoteliais.	Pró-inflamação, quimiotaxia, angiogénese.
IL-10	IL-10	Monócitos, células T, células B	Anti-inflamação, inibição da pró-
		células.	citocinas inflamatórias.
IL-11	IL-6	Fibroblastos, neurónios, células epiteliais.	Anti-inflamação, diferenciação, indução de proteínas de fase aguda.
IL-12	IL-12	Células dendríticas, macrófagos, neutrófilos	Pró-inflamação, diferenciação celular, ativa as células NK.
TNF-α	TNF	Macrófagos, células NK,	Pró-inflamação, produção de citocinas,

		linfócitos CD4, adipócitos.	proliferação celular, apoptose, anti-infeção.
IFN-γ	INF	Células T, células NK, células NKT.	Pró-inflamação, imunidade inata e adaptativa, anti-viral.
GM-CSF	IL-4	Células T, macrófagos, fibroblastos.	Pró-inflamação, ativação de macrófagos, aumento da função dos neutrófilos e monócitos.
TGF-β	TGF	Macrófagos, células T.	Anti-inflamação, inibição de pro-

produção de citocinas inflamatórias. **Fonte: (Turner *et al.*, 2014).**

2.7 RADICAIS LIVRES

Os radicais livres são moléculas ou fragmentos moleculares sem carga, muito reactivos e de vida curta, que contêm um ou mais electrões não emparelhados na sua orbital atómica ou molecular. Devido à sua elevada reatividade, podem retirar electrões de outros compostos para atingir a estabilidade. Assim, a molécula atacada perde o seu eletrão e torna-se ela própria um radical livre, dando início a uma cascata de reacções em cadeia que acaba por danificar a célula viva. Geralmente, os seres humanos contêm 10.000-20.000 radicais livres que atacam cada uma das células do corpo. Muitos destes radicais são benéficos, na medida em que trabalham para as células imunitárias responsáveis pela morte de células bacterianas e pela tonificação dos músculos lisos, que por sua vez regulam o funcionamento normal dos vasos sanguíneos e dos órgãos internos. Por outro lado, a produção descontrolada de radicais livres no organismo desempenha um papel vital na patogénese de várias doenças, tais como doenças auto-imunes, diabetes mellitus, artrite, cancro, doenças cardíacas e neurodegenerativas (Pala e Gurkan, 2008). Os radicais livres são produzidos durante a geração de ATP através das mitocôndrias. São geralmente divididos em duas entidades bem conhecidas: espécies reactivas de oxigénio (ROS) e espécies reactivas de azoto (RNS) (Pham-Huy *et al.*, 2008). As ROS e as RNS formam coletivamente todas as entidades radicais e não radicais (oxidantes). Os radicais são mais reactivos e menos estáveis do que os seus homólogos não radicais. Os derivados não-radicais ou oxidantes podem ser facilmente convertidos em radicais livres por várias reacções nos organismos vivos (Ahmad e Ahsan, 2014). A fosforilação oxidativa que ocorre nas mitocôndrias é um processo não enzimático que resulta na produção de ROS e RNS. Por exemplo, a produção excessiva de radical hidroxilo e de peroxinitrito provoca danos nas membranas celulares e nas lipoproteínas, sendo o processo designado por peroxidação lipídica. Isto resulta na formação de compostos mutagénicos e citotóxicos, como o malondialdeído (MDA) e outros derivados de dieno. As ROS/RNS afectam as proteínas, o que pode levar à perda de atividade enzimática e a deformações estruturais. Estas espécies atacam o ADN, afectando assim o crescimento funcional e a formação de lesões oxidativas que podem levar à mutagénese. No entanto, o organismo dispõe de várias enzimas e antioxidantes para combater os danos causados pelo stress oxidativo (Bouayed e Bohn, 2010).

2.7.1 Papel dos radicais livres na patogénese das doenças

Apesar do papel antagónico desempenhado por vários antioxidantes, os danos provocados pelos radicais livres têm sido implicados em várias doenças degenerativas, como as doenças cardiovasculares, as perturbações neurológicas, a diabetes, a lesão por isquemia-reperfusão e o envelhecimento. Estas doenças podem ser divididas em dois grupos: o primeiro grupo inclui o cancro e a diabetes, que ocorre devido a uma diminuição da tolerância à glicose, sendo esta condição mais conhecida como "stress oxidativo mitocondrial", e o segundo grupo é caracterizado por condições oxidativas inflamatórias que conduzem à aterosclerose e à inflamação crónica. O envelhecimento é também uma forma do efeito deletério dos danos causados pelos radicais livres (oxidação das proteínas, peroxidação lipídica).

A mutação do ADN é um passo crucial na carcinogénese, e níveis elevados de lesões do ADN são encontrados em muitos tumores, correlacionando fortemente o dano oxidativo na etiologia do cancro. As alterações induzidas por ROS são encontradas em várias doenças do coração, como cardiomiopatias, doença cardíaca isquémica, hipertensão, aterosclerose e insuficiência cardíaca (Kukreja e Hess, 2017).

Os danos celulares induzidos pelos radicais livres são encontrados em muitas doenças auto-imunes, sendo o aumento do stress oxidativo proposto como um dos principais factores que causam a hiperglicemia que, por sua vez, desencadeia várias condições diabéticas (Valko *et al.*, 2007; Firestein *et al.*, 2017). Os danos oxidativos aumentam com a idade, razão pela qual são considerados como um dos factores causais de várias doenças neurológicas (Pala e Gurkan, 2008).

2.7.2 Espécies reactivas de oxigénio (ROS)

O termo espécies reactivas de oxigénio (ROS) inclui a forma reduzida do oxigénio e os seus produtos de reação com outras moléculas. Alguns, mas não todos os ERO, são radicais livres (Nunes-Silva e Freitas-Lima, 2014). O anião superóxido e o radical hidroxilo são exemplos de ERO radicais, enquanto o peróxido de hidrogénio e o ião hipoclorito são ERO não radicais (Tabela 2.1). As ERO têm geralmente uma elevada reatividade devido ao eletrão extra não emparelhado nas suas camadas exteriores e as suas meias-vidas são da ordem dos milissegundos (Cantu-Medellin e Kelley, 2013). O radical hidroxilo é o radical mais prejudicial porque não pode ser facilmente eliminado no nosso corpo (Nunes-Silva e Freitas-Lima, 2014). As ROS intracelulares podem ser produzidas por estimulação de oxidases e peroxidases intracelulares NADPH fortemente reguladas ou como um produto alternativo por outras enzimas como o citocromo P-450 e a óxido nítrico sintase.

Quadro 2.1: Espécies de oxigénio reativo radicais e não radicais (ROS)

ROS

Radicais livres	**Não-radicais**
Radical hidroxilo (-OH)	Peróxido de hidrogénio (H_2O_2)
Anião superóxido (-O_2^-)	Oxigénio singlete ($^1O_2$)
Peroxil lipídico **(-LOO^-)**	Ozono (O_3)
Tiilo (-RS)	Peroxinirite ($ONOO^-$)

Além disso, as ERO podem ser produzidas pela fuga de electrões da cadeia de transporte de electrões (Fig. 2.5), que é considerada a principal fonte de ERO na maioria das células, e da xantina oxidase (Ghouleh *et al.*, 2011). A redução univalente do oxigénio na mitocôndria gera o anião superóxido, que pode ser ainda reduzido pela ação da superóxido dismutase mitocondrial em peróxido de hidrogénio (Agarwal e Allamaneni, 2004). Como já foi referido, a ubisemiquinona, um componente da cadeia respiratória mitocondrial, é o local mais comum para esta redução univalente do oxigénio. Embora existam pequenas quantidades de oxigénio reduzido em todas as células funcionais, grandes quantidades de anião superóxido e seus derivados são gerados por neutrófilos e macrófagos activados através da via da NADPH oxidase (Droge, 2012).

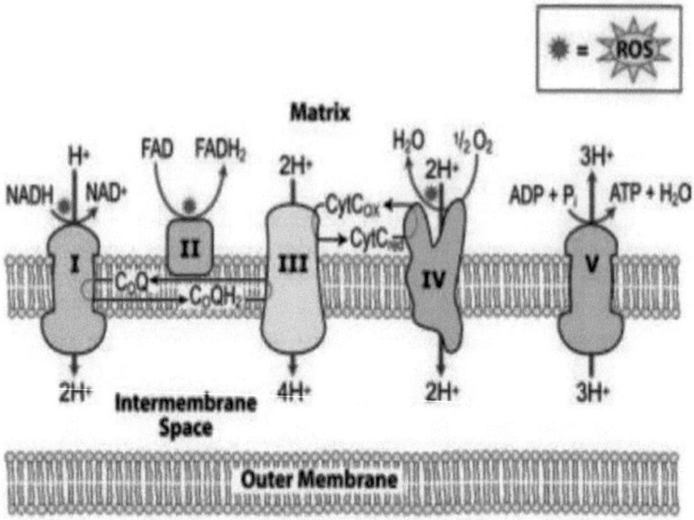

Fig. 2.5: Geração de ROS através da cadeia de transporte de electrões

Fonte: (Ghouleh *et al.*, 2011)

Outra via de produção de ERO envolve a xantina oxidase (XO). A conversão da hipoxantina em xantina pela XO e da xantina em ácido úrico produz radicais superóxidos (Cantu-Medellin e Kelley, 2013). Mas apenas uma pequena quantidade de ROS é libertada pela atividade da XO em circunstâncias normais. No entanto, o aumento da degradação do ATP em resultado do stress metabólico ativa a XO, levando a um aumento da produção de anião superóxido (Cantu-Medellin e Kelley, 2013). De facto, a XO tem sido implicada como um dos principais contribuintes para os níveis de ROS em certas condições patológicas que envolvem isquemia e reperfusão (Mittal *et al.*, 2014). A inflamação e a infeção também desempenham um papel importante na geração de ROS. Por exemplo, foi observada uma elevada produção de ERO nas células endoteliais induzida pelo fator de necrose tumoral (TNF) (Chen *et al.*, 2008), os linfócitos podem produzir ERO através da via da 5- lipoxigenase (5-LO) possivelmente com a ligação do CD 40 (Ha *et al.*, 2011). Curiosamente, a oxidação da dopamina também pode levar à produção de ERO, o que se demonstrou estar relacionado com doenças neurodegenerativas como a doença de Parkinson (Droge, 2012).

2.7.3 Espécies reactivas de azoto (RNS)

As espécies reactivas de azoto (RNS) são formas especiais de ERO que contêm azoto (Doshi *et al.*, 2012). À semelhança das ERO, as ERO podem também incluir radicais como o óxido nítrico (NO) e o ácido nitroso (HNO_2) e não-radicais como o dióxido de azoto (NO_2) e o tetraóxido de dinitrogénio (N_2O_4). A óxido nítrico sintase (NOS) pode converter L-arginina e oxigénio em NO e L-citrulina na presença de múltiplos cofactores, incluindo cálcio, NADPH, flavina mononucleótido (FMN), calmodulina e flavina adenina dinucleótido (FAD) (Pacher *et al.*, 2007). Além disso, podem ser produzidas diferentes formas de RNS, incluindo o catião nitrosónio (NO^+), o anião nitroxilo (NO^-) ou o peroxinitrito ($ONOO^-$), em resultado das interações do NO com vários produtos químicos. Embora o NO não seja suficientemente reativo para causar danos no ADN, pode reagir com o anião superóxido para produzir peroxinitrito ($ONOO^-$) (Pacher *et al.*, 2007).

2.7.4 Radical hidroxilo (OH-)

O radical hidroxilo (OH-) é um poderoso oxidante que é produzido numa grande variedade de ambientes (Gligorovski *et al.*, 2015). Este radical degrada compostos orgânicos (Babuponnusami e Muthukumar, 2014; Gligorovski *et al.*, 2015), o que o torna nocivo se produzido em excesso e na proximidade das células. Estas reacções de stress oxidativo podem ter uma série de efeitos adversos, e a produção de OH- pode ser acelerada por nanopartículas reactivas (Nel *et al.*, 2006). O poder oxidativo do OH- também pode ser explorado favoravelmente, por exemplo, no tratamento de poluentes e de águas residuais. Estudos de remediação do solo demonstraram que a injeção subterrânea de peróxido de hidrogénio (H2O2) degrada eficazmente os contaminantes orgânicos, particularmente na presença de minerais de ferro (Liu *et al.*, 2016). Processos semelhantes ocorrem em sistemas terrestres sem interferência humana e foi sugerido que desempenham um papel importante na degradação da matéria orgânica natural, contribuindo assim para o ciclo do carbono terrestre (Korripally *et al.*, 2013).

O radical hidroxilo é formado numa reação de Fenton (Eq. 2), na qual o H2O2 reage com iões metálicos (Fe^{2+} ou Cu^{+}), muitas vezes ligados em complexos com diferentes proteínas, como a ferritina (uma proteína intracelular que armazena ferro) e a ceruloplasmina (proteína transportadora de cobre do plasma) ou outras moléculas. Em condições de stress, um excesso de O_2^- liberta o ferro livre da ferritina e o ferro livre libertado participa na reação de Fenton para formar OH-. Também é formado pela reação entre o radical superóxido e o H2O2 numa reação denominada reação de Haber-Weiss (Eq. 3).

Fe^{2+} + H2O2 ► Fe^{3+} + OH- ■ OH^-(Eq. 2) A reação de Fenton

O_2^- + H2O2 ► O2+ OH-+ OH^- (Eq. 3) Reação de Haber-Weiss

Para desencadear esta reação, o Fe^{2+} e o H2O2 têm de coexistir. Em soluções homogéneas, a produção de OH- depende fortemente do pH. Em valores de pH muito ácidos, o H2O2 é estabilizado como $H_3O_2^+$, que é desprotonado e subsequentemente desproporcionado em O2 e H2O com um aumento do pH (Babuponnusami e Muthukumar, 2014). Um aumento do pH também promove a oxidação do Fe^{2+} (Jones *et al.*, 2014), pelo que a reação de Fenton tem um pH ótimo entre 3 e 4. A regeneração do Fe^{2+} é realizada por espécies de oxigénio (por exemplo, o mecanismo de Haber-Weiss) ou por redutores orgânicos. O H2O2 é produzido através da redução enzimática de O2 ou por metabolitos redox-activos (Rineau *et al.*, 2012).

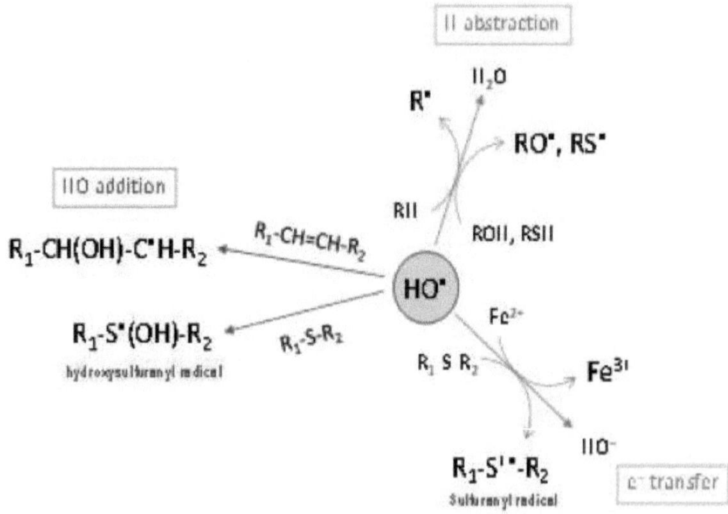

Figura 2.6: As reacções químicas do radical hidroxilo
Fonte: (Collin, 2019)

2.7.5 Óxido nítrico (NO-)

O óxido nítrico (NO) é um radical livre que tem sido um importante intermediário na indústria química (Bonilla *et al.*, 2012). É um subproduto da combustão de substâncias em motores de automóveis e centrais eléctricas a combustíveis fósseis. Além disso, é produzido naturalmente durante as descargas eléctricas dos relâmpagos nas trovoadas e considerado um importante regulador biológico que é um componente fundamental nos campos da neurociência, fisiologia e imunologia. Era conhecido como um gás tóxico e um poluente atmosférico até 1987, altura em que se demonstrou que, na realidade, é produzido naturalmente no corpo e, assim, o seu papel foi descrito na regulação da pressão arterial e na proteção contra várias doenças cardiovasculares (Schairer *et al.*, 2012). Os papéis cardioprotectores da regulação do NO incluem a pressão arterial e o tónus vascular, a inibição da agregação plaquetária e a adesão de leucócitos, juntamente com a prevenção da proliferação do músculo liso (Machha e Schechter, 2011). Além disso, foi demonstrado de forma exaustiva que a redução da biodisponibilidade do NO conduz ao desenvolvimento e à progressão de várias doenças cardiovasculares (Naseem, 2005).

O óxido nítrico (NO-) é produzido nos tecidos por vários grupos de enzimas denominadas óxido nítrico sintases (NOS) que estão presentes no organismo e que convertem a L-arginina em L-citrulina (Omer *et al.*, 2012). Nesta reação, um dos átomos de azoto guanido terminais sofre oxidação e produz NO. Três tipos de isoformas de NOS, como a NOS neuronal (nNOS), a NOS endotelial (eNOS) e a NOS induzível (iNOS), estão envolvidas na formação do radical NO. É solúvel em água e em lípidos e, por conseguinte, difunde-se facilmente através do citoplasma e da membrana plasmática (Forstermann e Sessa, 2012). O NO- é um importante segundo mensageiro intracelular que estimula a guanilato ciclase e as proteínas cinases e ajuda no relaxamento do músculo liso dos vasos sanguíneos. É idêntico ao fator de relaxamento derivado do endotélio (EDRF) produzido pelas células endoteliais vasculares, que é um importante mediador das respostas vasculares (Bian *et al.*, 2008). Pode também atuar como um importante regulador redox celular (Lundberg e Weitzberg, 2010) e regular a atividade enzimática através da nitrosilação das proteínas. Esta molécula está também envolvida em muitas actividades biológicas, como a regulação da pressão arterial, o relaxamento do músculo liso, a neurotransmissão, os mecanismos de defesa e a regulação imunitária.

2.8 STRESS OXIDATIVO

O stress oxidativo é definido como um "estado em que a oxidação excede os sistemas antioxidantes do organismo, secundário a uma perda do equilíbrio entre eles". Não só provoca fenómenos perigosos como a peroxidação lipídica e as lesões oxidativas do ADN, mas também fenómenos de adaptação fisiológica e de regulação da transdução de sinais intracelulares. Este desequilíbrio entre a produção e a eliminação de espécies reactivas de oxigénio (ROS) pode ser causado de várias formas:

O aumento dos níveis de ERO em estado estacionário pode ser promovido pelo metabolismo de fármacos, pela sobre-expressão de enzimas produtoras de ERO ou por radiação ionizante, bem como devido à deficiência de enzimas antioxidantes. Normalmente, um átomo é composto por um núcleo central com pares de electrões a orbitar à sua volta. No entanto, alguns átomos e moléculas têm electrões não emparelhados e estes são chamados radicais livres. Os radicais livres são geralmente instáveis e altamente reactivos porque os electrões não emparelhados tendem a formar pares com outros electrões. Uma molécula de oxigénio (o_2) sofre uma redução de quatro electrões quando é metabolizada *in vivo*. Durante este processo, os metabolitos reactivos do oxigénio são gerados pela excitação de electrões secundária à adição de energia ou à interação com elementos de transição. Os metabolitos reactivos de oxigénio assim produzidos são mais altamente reactivos do que a molécula de oxigénio original e são designados por espécies activas de oxigénio.

O superóxido, o peróxido de hidrogénio, os radicais hidroxilo e o oxigénio singlete são espécies activas de oxigénio. De um ponto de vista biológico, vários radicais livres derivados do oxigénio têm atraído a atenção pelas seguintes razões: várias espécies activas de oxigénio são geradas no corpo durante o processo de utilização do oxigénio. Uma vez que o corpo está equipado com mecanismos elaborados para remover as espécies activas de oxigénio e os radicais livres, estes subprodutos do metabolismo do oxigénio não constituem necessariamente uma ameaça para o corpo em condições fisiológicas. No entanto, se as espécies activas de oxigénio ou os radicais livres forem gerados excessivamente ou em locais anormais, o equilíbrio entre a formação e a remoção perde-se, resultando em stress oxidativo. Consequentemente, as espécies activas de oxigénio e os radicais livres podem atacar as moléculas das membranas biológicas e dos tecidos, induzindo assim várias doenças. Por outras palavras, o stress oxidativo é definido como um "estado nocivo para o organismo, que surge quando as reacções oxidativas excedem as reacções antioxidantes, porque se perdeu o equilíbrio entre elas". No entanto, o stress oxidativo é realmente útil em alguns casos. Por exemplo, o stress oxidativo induz a apoptose para preparar o canal de parto para o nascimento (Chitra *et al*., 2015). Além disso, os mecanismos de defesa biológica são reforçados pelo stress oxidativo durante o exercício físico adequado e a isquemia. Por conseguinte, uma definição mais útil de stress oxidativo pode ser um "estado em que a oxidação excede os sistemas antioxidantes porque se perdeu o equilíbrio entre eles".

2.9 ANTIOXIDANTES

Os antioxidantes são as moléculas que impedem os danos celulares causados pela oxidação de outras moléculas. A oxidação é uma reação química que transfere electrões de uma molécula para um agente oxidante. As reacções de oxidação são conhecidas por produzirem radicais livres. Estes radicais livres são espécies altamente reactivas que contêm um ou mais electrões não emparelhados na sua camada mais externa. Uma vez formados, inicia-se a reação em cadeia. Os antioxidantes reagem com estes radicais livres e terminam esta reação em cadeia removendo os radicais livres intermediários e inibem outras reacções de oxidação oxidando-se a si próprios. Embora as reacções de oxidação sejam cruciais para a vida, também podem ser prejudiciais. As plantas e os animais têm um sistema complexo de múltiplos tipos de antioxidantes, como a vitamina C e a vitamina E, bem como enzimas, como a catalase (CAT), superóxido dismutase (SOD) e várias peroxidases (Hamid *et al.*, 2010). Além disso, existem alguns antioxidantes sob a forma de micronutrientes que não podem ser fabricados pelo próprio organismo e, por isso, devem ser suplementados na dieta normal (Teresa *et al.*, 2011). Os antioxidantes também podem atuar como pró-oxidantes quando não estão presentes no local certo e na concentração certa no momento certo (Touriño *et al.*, 2008).

2.9.1 Classificação dos Antioxidantes

Os antioxidantes podem ser classificados em dois tipos principais com base na sua fonte, ou seja, antioxidantes naturais e sintéticos (a representação esquemática da classificação dos antioxidantes é mostrada na Fig.2.7). O antioxidante natural é ainda dividido em dois tipos, ou seja, defesas enzimáticas e não enzimáticas. Os antioxidantes enzimáticos são depois divididos em defesas enzimáticas primárias e secundárias (Carocho e Ferreira, 2013). A defesa primária é composta por três importantes enzimas que impedem a formação e neutralizam os radicais livres: glutationa peroxidase, que doa dois electrões para reduzir os peróxidos através da formação de selenóis e também elimina os peróxidos como potenciais substratos para a reação de Fenton; a catalase, que transforma o peróxido de hidrogénio em água e oxigénio molecular - um dos mais importantes e eficientes antioxidantes conhecidos atualmente, quando apenas uma molécula de catalase converte 6 mil milhões de moléculas de peróxido de hidrogénio (Rahman, 2007); e, por último, a superóxido dismutase, que converte aniões superóxidos em peróxido de hidrogénio como substrato para a ação subsequente da catalase. A defesa enzimática secundária inclui a glutatião redutase e a glucose-6-fosfato desidrogenase. A glutatião redutase reduz a glutatião (antioxidante) da sua forma oxidada para a sua forma reduzida e, através desta reciclagem, continua a neutralizar mais radicais livres (Ratnam *et al.*, 2006). A glucose-6-fosfato regenera NADPH, o que cria um ambiente redutor. Estas duas enzimas apoiam os antioxidantes de defesa enzimáticos primários e não neutralizam diretamente os radicais livres. O grupo dos antioxidantes não enzimáticos contém vários subgrupos, sendo os principais: vitaminas (A, C e E), cofactores enzimáticos, minerais (zinco e selénio), péptidos (glutatião), ácidos fenólicos e compostos azotados (ácido úrico) (Carocho e Ferreira, 2013).

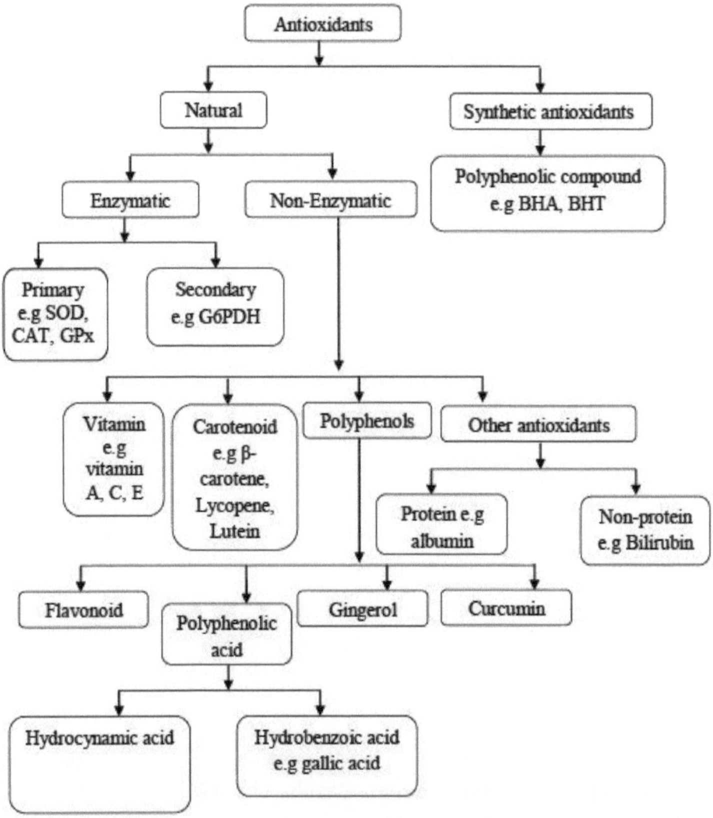

Fig. 2.7: Representação esquemática da classificação dos antioxidantes
BHA: hidroxianisol butilado; BHT: hidroxitolueno butilado.
Fonte: (Carocho e Ferreira, 2013).

2.9.2 Mecanismo de ação dos antioxidantes

Para manter o bom funcionamento das células, um certo número de enzimas de eliminação de radicais mantém um nível limite de espécies reactivas de oxigénio (ROS) no interior da célula. No entanto, quando o nível de ERO excede este limiar, um aumento da produção de ERO pode conduzir a sinais excessivos para a célula, para além de danos diretos em componentes-chave das vias de sinalização. O stress oxidativo ocorre quando o equilíbrio entre a formação e a desintoxicação de ERO favorece um aumento dos níveis de ERO, conduzindo a perturbações da função celular. As ERO podem também danificar irreversivelmente alvos macromoleculares essenciais, como o ADN, as proteínas e os lípidos, o que pode dar início à carcinogénese (Imlay, 2003). Por conseguinte, as concentrações de ROS têm de ser controladas por vários mecanismos de defesa, que envolvem também uma série de enzimas antioxidantes e desintoxicantes.

O papel dos antioxidantes é reduzir ou terminar as reacções em cadeia, removendo os radicais livres ou inibindo outras reacções de oxidação ao serem eles próprios oxidados. Assim, os antioxidantes são frequentemente agentes redutores (Duarte e Lunec, 2005).

Embora as reacções de oxidação sejam vitais para as células, têm efeitos prejudiciais; por isso, as plantas e os animais contêm vários antioxidantes, como a glutationa, as vitaminas C e E, bem como diferentes sistemas enzimáticos que catalisam as reacções antioxidantes como a catalase, a superóxido dismutase (SOD) e as peroxidases. Os defeitos ou a inibição destas enzimas antioxidantes conduzem ao stress oxidativo e podem danificar e lesar as células (Valko *et al.*, 2007). Existem principalmente três tipos de mecanismos conhecidos para a atividade antioxidante, nomeadamente, quebra de cadeias, prevenção e sinergia (figura 2.8a-c). Todos estes mecanismos de defesa actuam para proteger o organismo do stress oxidativo (Halliwell, 2007).

Chain-breaking mechanism

Type of antioxidants: — **Inhibit the oxidation processes by scavenging. free radicals.**

Vitamins: e.g. Vitamin C, vitamin E, β-carotene etc.
Non protein endogenous antioxidant: e.g. Albumin, bilirubin, ubiquinol etc.
Flavonoid etc.

Reaction: For example, the chain breaking antioxidant AH scavenge the peroxyl radical LOO*, inhibit the propagation reaction and form less reactive antioxidant radical so that no further reaction will occur with lipids as showing below:

LOO* + AH ⟶ LOOH + A*
A* + LOO* ⟶ AOOL

Mecanismo de quebra de corrente

Tipo de antioxidantes: — Inibir a oxidação processos de eliminação de radicais livres.

Vitaminas: por exemplo, vitamina C, vitamina E, β-caroteno, etc.
Antioxidantes endógenos não proteicos: por exemplo, albumina, bilirrubina, ubiquinol, etc. - **Flavonóides, etc.**

Reação: Por exemplo, o antioxidante de quebra de cadeia AH elimina o radical peroxilo LOO*, inibe a reação de propagação e forma um radical antioxidante menos reativo, de modo a que não ocorra mais nenhuma reação com os lípidos, como se mostra abaixo:

LOO* + AH ►
A* + LOO* ► LOOH + A* AOOL

Figura 2.8a: Mecanismo de quebra de cadeia da atividade antioxidante. Fonte: (Halliwell, 2007).

Quebra de cadeia: Quando um radical livre liberta ou retira um eletrão, forma-se um segundo radical. Esta molécula volta-se para trás e faz o mesmo a uma terceira molécula, continuando a gerar produtos mais instáveis. O processo continua até que ocorra a cessação, ou o radical é estabilizado por um antioxidante de quebra de cadeia, como o ß-caroteno e as vitaminas C e E, ou simplesmente decai num produto inofensivo.

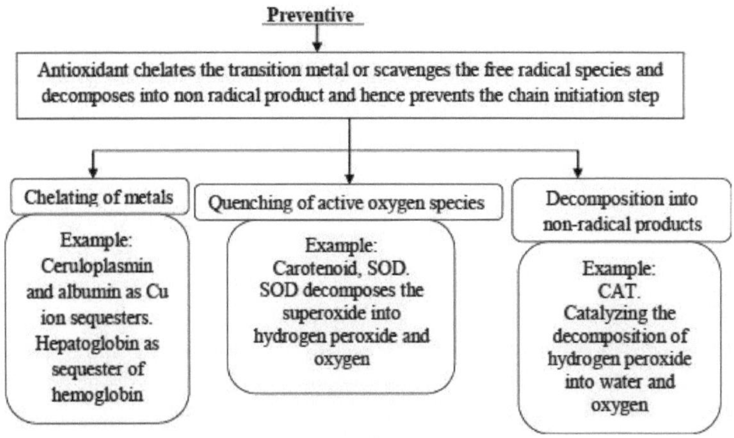

Preventivo

O antioxidante quelata o metal de transição ou elimina as espécies de radicais livres e decompõe-se em produtos não radicais, impedindo assim a etapa de iniciação da cadeia

Quelação de metais

Exemplo: A ceruloplasmina e a albumina como sequestradores de iões Cu.

A hepatoglobina como sequestradora de hemoglobina

Dissipação de espécies activas de oxigénio

Exemplo: Carotenoide, SOD.

A SOD decompõe o superóxido em peróxido de hidrogénio e oxigénio

Decomposição em produtos não radicais

Exemplo: CAT.

Catalisar a decomposição do peróxido de hidrogénio em água e oxigénio

Figura 2.8b: Mecanismo preventivo da atividade antioxidante
Fonte: (Halliwell, 2007)

Preventivo: Os antioxidantes previnem a oxidação reduzindo a taxa de iniciação da cadeia. Ou seja, ao eliminarem os radicais iniciadores, estes antioxidantes podem impedir que uma cadeia de oxidação se inicie. Podem também prevenir a oxidação estabilizando os radicais de metais de transição, como o cobre e o ferro.

Sinergismo

Um antioxidante associa-se a outro e trabalha em sinergia. Juntos são mais eficazes do que o antioxidante isolado

Exemplo: Quando o tocoferol é utilizado em combinação com o ácido cítrico, observa-se um efeito sinérgico acentuado devido à atividade de quebra de cadeia do tocoferol e à atividade quelante de metais do ácido cítrico.

Figura 2.8c: Mecanismo sinérgico da atividade antioxidante.
Fonte: (Halliwell, 2007)

2.9.3 Enzimas antioxidantes

As enzimas antioxidantes em todas as células do corpo consistem em três classes principais de antioxidantes que são as catalases, as superóxido dismutases (SOD) e as glutationa peroxidases (GPX), todas elas desempenham papéis cruciais na manutenção da homeostase nas células. A indução destas enzimas reflete uma resposta específica ao stress oxidativo dos poluentes (Adwas *et al.*, 2019).

2.9.3.1 Catalase

A catalase (EC 1.11.1.6) (H_2O_2 oxido-reductase) é uma importante enzima antioxidante responsável pela degradação das espécies reactivas de oxigénio, o peróxido de hidrogénio. É amplamente expressa em células de mamíferos e não-mamíferos que contêm o sistema citocromo. A catalase catalisa a decomposição do peróxido de hidrogénio em água e oxigénio. O peróxido de hidrogénio (H_2O_2) é um subproduto de várias reacções da oxidase e da superóxido dismutase que ocorrem no interior da célula e é um produto normal do metabolismo celular. A acumulação de H_2O_2 é extremamente prejudicial para a célula e pode levar à oxidação das proteínas celulares, dos lípidos e do ADN. Este dano oxidativo pode, em última análise, levar à mutagénese do ADN e à morte celular. Para evitar estes danos e sobreviver, a célula depende de vários antioxidantes, nomeadamente da catalase.

A catalase é composta por quatro cadeias polipeptídicas, cada cadeia com mais de 500 aminoácidos, e contém quatro grupos heme (ferro) de porfirina que permitem à enzima reagir com o H_2O_2. Os modos de atividade enzimática da catalase na decomposição do H_2O_2 são o modo de atividade catalítico ($2H_2O_2$ +O_2 + $2H_2O$) e o modo de atividade peroxidativo (H_2O_2 + AH_2A + $2H_2O$). A taxa de renovação da catalase é a mais elevada de todas as outras enzimas antioxidantes. A decomposição de H_2O_2 pela atividade catalítica da catalase segue a forma de uma reação de primeira ordem e a sua taxa depende da concentração de H_2O_2 (Berg *et al.*, 2002). A catalase existe tanto em células eucarióticas como bacterianas. A maior parte delas está localizada numa partícula oxidativa de todos os tipos de células de mamíferos, com exceção dos glóbulos vermelhos, onde foram criadas várias H_2O_2 oxidases. Uma vez que o H_2O_2 actua como substrato para uma reação específica que gera um radical altamente hidroxilo, acredita-se que o papel principal da catalase nos mecanismos de defesa antioxidante celular é reduzir a acumulação de H_2O_2 (Ho *et al.*, 2004).

$$2H_2O_2 \xrightarrow{CAT} 2H\text{^}O2$$

2.9.3.2 Superóxido dismutase

As superóxido dismutases (SODs) são um grupo de metaloenzimas que se encontram em todos os reinos da vida. As SODs formam a linha da frente da defesa contra lesões mediadas por espécies reactivas de oxigénio (ROS) (Kangralkar *et al.*, 2010). Estas proteínas catalisam a dismutação do radical livre anião superóxido (O_2^-) em oxigénio molecular e peróxido de hidrogénio (H_2O_2) e diminuem o nível de O_2^-, que danifica as células em concentrações excessivas (Yasui e Baba, 2006). Esta reação é acompanhada por uma oxidação-redução alternada dos iões metálicos presentes no sítio ativo das SOD (Bafana *et al.*, 2011). Com base nos cofactores metálicos presentes nos sítios activos, as SODs podem ser classificadas em quatro grupos distintos: SOD de Cobre-Zinco (Cu, Zn-SOD), SOD de Ferro (Fe-SOD), SOD de Manganês (Mn-SOD) e SOD de Níquel (Salem *et al.*, 2015). As diferentes formas de SODs estão distribuídas de forma desigual por todos os reinos biológicos e localizam-se em diferentes compartimentos subcelulares. As SODs constituem uma defesa antioxidante muito importante contra o stress oxidativo no organismo (Landis e Tower, 2015). Vários estudos têm sido realizados que revelam o potencial terapêutico e a importância fisiológica da SOD (Tsang *et al.*, 2014). A enzima pode servir como um agente anti-inflamatório e também pode prevenir alterações celulares pré-cancerosas (Papa *et al.*, 2014).

Os níveis naturais de SOD no corpo diminuem à medida que o corpo envelhece (Papa *et al.*, 2014) e, por conseguinte, à medida que se envelhece, torna-se mais propenso a doenças relacionadas com o stress oxidativo. A SOD é utilizada em cosméticos e produtos de cuidados pessoais como ingrediente anti-envelhecimento e antioxidante devido à sua capacidade de reduzir os danos causados pelos radicais livres na pele, prevenindo assim rugas, rídulas e manchas de idade, e também ajuda na cicatrização de feridas, amolece o tecido cicatricial, protege contra os raios UV e reduz outros sinais de envelhecimento. Foi relatado que a SOD tem uma ligação importante em vários problemas de saúde humana, incluindo distúrbios relacionados com as hemácias, fibrose cística (FC), síndrome da dor pós-colecistectomia, doença maligna da mama, síndrome nefrótica sensível a esteróides, esclerose lateral amiotrófica, apoptose neuronal, SIDA e cancro (Papa *et al.*, 2014; Salem *et al.*, 2015). Além disso, alguns investigadores sugeriram uma forte associação entre a atividade da SOD e a doença de Alzheimer (Noor *et al.*, 2012). Também foi relatado que o tratamento com SOD ajuda na recuperação de queimaduras de gás mostarda (Younus, 2018). Em muitos modelos animais com lesão de isquemia-reperfusão do miocárdio, inflamação e lesão de isquemia-reperfusão cerebral, etc., as enzimas SOD são consideradas muito eficazes (Sunitha *et al.*, 2015).

2.9.3.3 Glutatião Peroxidase

A glutationa peroxidase (GPx) é um grupo de enzimas dependentes do selénio, com a capacidade de eliminar os radicais livres. Esta, por sua vez, ajuda a prevenir a peroxidação lipídica e a manter a homeostase intracelular, bem como o equilíbrio redox. A glutationa peroxidase está localizada no epitélio glandular do endométrio humano normal e consiste em glutationa peroxidase citosólica, plasmática, hidroperóxido de fosfolípido e gastrointestinal (Chakraborty *et al.* 2009). A GPx (celular e plasmática) catalisa a reação do H2O2 com a glutationa reduzida (GSH); como resultado, é produzida glutationa oxidada (GSSG), que é novamente reciclada para a sua forma reduzida pela glutationa redutase (GR) e pelo fosfato de nicotinamida adenina dinucleótido reduzido (NADPH). Esta reação é importante na remoção de níveis baixos de peróxido de hidrogénio que podem danificar a célula. Estes níveis não são decompostos eficazmente pela catalase. A GPx-1 é um dos membros mais abundantes da família de enzimas GPx, que inclui uma enzima específica do epitélio que é altamente expressa no intestino (GPx-2); um subtipo segregado (GPx-3); e a GPx-4, que é amplamente expressa e difere na sua especificidade de substrato em comparação com os outros membros da família. Por conseguinte, a GPx-1 é uma enzima antioxidante crucial envolvida na prevenção da acumulação nociva de peróxido de hidrogénio intracelular. Está presente em todas as células; encontra-se em compartimentos citosólicos, mitocondriais e, em algumas células, em compartimentos peroxissomais; e verificou-se que é mais eficaz do que a catalase na remoção de peróxidos intracelulares em muitas condições fisiológicas (Antunes *et al.*, 2012).

2GSH + H2O2 -GPx GSSG + 2H2O

2.10O PAPEL DA HEMATOLOGIA NOS ANIMAIS

A hematologia refere-se ao estudo do número e da morfologia dos elementos celulares do sangue - os glóbulos vermelhos (eritrócitos), os glóbulos brancos (leucócitos) e as plaquetas (trombócitos) - e à utilização destes resultados no diagnóstico e monitorização de doenças

(Merck, 2012). Os estudos hematológicos são úteis para o diagnóstico de muitas doenças, bem como para a investigação da extensão dos danos no sangue (Togun *et al.*, 2007). Os estudos hematológicos são de interesse ecológico e fisiológico, pois ajudam a compreender a relação entre as caraterísticas do sangue e o ambiente (Ovuru e Ekweozor, 2004), pelo que podem ser úteis na seleção de animais geneticamente resistentes a determinadas doenças e condições ambientais (Isaac *et al.*, 2013). Os parâmetros hematológicos são bons indicadores do estado fisiológico dos animais (Khan e Zafar, 2005). Estes parâmetros estão relacionados com o sangue e os órgãos que o formam (Bamishaiye *et al.*, 2009). O sangue actua como um refletor patológico do estado dos animais expostos a substâncias tóxicas e outras condições (Olafedehan *et al.*, 2010).

Tal como referido por Isaac *et al.* (2013), os animais com uma boa composição sanguínea são susceptíveis de apresentar um bom desempenho. As análises laboratoriais ao sangue são ferramentas vitais que ajudam a detetar qualquer desvio do normal no corpo animal ou humano (Ogunbajo *et al.*, 2009). O exame de sangue dá a oportunidade de investigar a presença de vários metabolitos e outros constituintes no corpo dos animais e desempenha um papel vital no estado fisiológico, nutricional e patológico de um organismo (Doyle, 2006).

De acordo com Olafedehan *et al.* (2010), a análise dos constituintes do sangue pode fornecer informações importantes para o diagnóstico e o prognóstico de doenças em animais. Os constituintes do sangue alteram-se em função das condições fisiológicas de saúde (Togun *et al.*, 2007). Estas alterações são importantes para avaliar a resposta dos animais a várias situações fisiológicas (Khan e Zafar, 2005). De acordo com Afolabi *et al.* (2010), as alterações nos parâmetros hematológicos são frequentemente utilizadas para determinar vários estados do organismo e para determinar tensões devidas a factores ambientais, nutricionais e/ou patológicos.

2.10.1 Parâmetros hematológicos e suas funções

O sangue, que é um tecido circulatório especial vital, é composto por células suspensas numa substância intercelular fluida (plasma) com a função principal de manter a homeostasia (Isaac *et al.*, 2013). Os componentes hematológicos, que consistem em glóbulos vermelhos, glóbulos brancos ou leucócitos, volume corpuscular médio, hemoglobina corpuscular média e concentração de hemoglobina corpuscular média, são valiosos para monitorizar o estado de saúde dos animais (Oyawoye e Ogunkunle, 2004).

Os glóbulos vermelhos (eritrócitos) servem de transportadores de hemoglobina. É esta hemoglobina que reage com o oxigénio transportado no sangue para formar oxihemoglobina durante a respiração (Chineke *et al.*, 2006). De acordo com Isaac *et al.* (2013), os glóbulos vermelhos estão envolvidos no transporte de oxigénio e dióxido de carbono no corpo. Assim, uma contagem reduzida de glóbulos vermelhos implica uma redução do nível de oxigénio que seria transportado para os tecidos, bem como do nível de dióxido de carbono devolvido aos pulmões (Soetan *et al.*, 2013; Isaac *et al.*, 2013). As principais funções dos glóbulos brancos e dos seus diferenciais são combater infecções, defender o corpo por fagocitose contra a invasão de organismos estranhos e produzir ou, pelo menos, transportar e distribuir anticorpos em resposta imunitária. Assim, os animais com baixos níveis de glóbulos brancos estão expostos a um risco elevado de infeção por doenças, enquanto os animais com contagens elevadas são capazes de gerar anticorpos no processo de fagocitose e têm um elevado grau de resistência a doenças (Soetan *et al.*, 2013), bem como aumentam a adaptabilidade às condições ambientais locais e às condições prevalecentes de doença (Kabir *et al.*, 2011; Iwuji e Herbert, 2012; Isaac *et al.*, 2013).

As plaquetas sanguíneas estão implicadas na coagulação do sangue. Uma baixa concentração de plaquetas sugere que o processo de formação de coágulos (coagulação do sangue) será prolongado, resultando numa perda excessiva de sangue em caso de lesão. O Volume de Células Preenchidas (PCV), também conhecido como hematócrito (Ht ou Hct) ou fração de volume eritrocitário (EVF), é a percentagem (%) de glóbulos vermelhos no sangue. De acordo com Isaac *et al.* (2013), o volume de células compactadas está envolvido no transporte de oxigénio e de nutrientes absorvidos. O aumento do PCV revela um melhor transporte e, por conseguinte, resulta num aumento da policitemia primária e secundária. A hemoglobina é a metaloproteína transportadora de oxigénio, que contém ferro, presente nos glóbulos vermelhos de todos os vertebrados, com exceção da família dos peixes, os channichthyldae, bem como nos tecidos dos invertebrados. A hemoglobina tem a função fisiológica de transportar oxigénio para os tecidos do animal para oxidação dos alimentos ingeridos, de modo a libertar energia para outras funções corporais, bem como transportar dióxido de carbono para fora do corpo dos animais (Omiyale *et al.*, 2012; Soetan *et al.*, 2013).

2.10.2 Factores que influenciam os parâmetros hematológicos

Foram observados factores genéticos e não genéticos que afectam os parâmetros hematológicos dos animais (Xie *et al.*, 2013). Vários factores, incluindo as condições fisiológicas e ambientais (Graczyk *et al.*, 2003), o conteúdo da dieta (Kurtoglu *et al.*, 2005), o jejum (Lamosová *et al.*, 2004), a idade (Seiser *et al.*, 2000) e a administração de medicamentos (Oguz *et al.*, 2000) afectam o perfil sanguíneo de um animal saudável. De acordo com Daramola *et al.* (2005), a idade e o sexo dos animais de criação afectam os parâmetros hematológicos. Afolabi *et al.* (2010) afirmaram que os valores hematológicos dos animais de criação são influenciados pela idade, sexo, raça, clima, localização geográfica, estação do ano, duração do dia, hora do dia, estado nutricional, hábitos de vida da espécie, estado atual do indivíduo e outros factores. Do mesmo modo, Addass *et al.* (2012) também observaram que factores como a idade, a nutrição, a saúde do animal, o grau de atividade física, o sexo e os factores ambientais afectam os valores sanguíneos dos animais. No entanto, Ekiz e Yalcintan (2013) referiram que, para além dos factores fisiológicos e ambientais que podem afetar os valores sanguíneos dos animais, factores como o ciclo éstrico, a gestação e o parto, a genética, o método de criação, as raças de animais, o alojamento, a alimentação, o jejum, as condições climáticas extremas, o stress, os exercícios, o transporte, a castração e as doenças podem alterar os parâmetros hematológicos dos animais.

2.11CROMATOGRAFIA LÍQUIDA DE ALTA EFICIÊNCIA (HPLC)

A HPLC é uma forma avançada de cromatografia líquida utilizada como parte do isolamento da mistura complexa de moléculas experimentadas em sistemas químicos e biológicos, de modo a perceber melhor as partes de partículas individuais. Foi no ano de 1980 que as técnicas de HPLC apareceram surpreendentemente para a medição de materiais de drogas a granel (Siddiqui *et al.*, 2017). Utiliza a pressão como modo de funcionamento para uma separação mais rápida, temperatura controlada, indicadores em linha e estratégias de eluição gradiente. Uma bomba força a fase móvel através da coluna a uma velocidade muito mais proeminente do que a cumprida pela coluna de fluxo gravitacional e incorpora bombas pneumáticas, de seringa, recíprocas ou amplificadoras hidráulicas. A longa coluna de aço inoxidável é utilizada para embalar a fase estacionária. O processo é efectuado à temperatura ambiente, apesar de as colunas poderem ser colocadas num forno e aquecidas para aumentar a velocidade de separação. A pressão necessária para forçar a passagem da fase móvel é muito exigida, embora a coluna tenha um empacotamento fino e uniforme. O material utilizado para o enchimento da coluna pode ser partículas peliculares, pequenas ou macroporosas. O gel de sílica é frequentemente utilizado como material de enchimento da coluna devido ao facto de ser muito estável. É utilizado para o enchimento completo da coluna em cromatografia líquido-sólido, ao passo que o solvente revestido por gel de sílica como fase estacionária é utilizado em cromatografia líquido-líquido, com a vantagem de um tempo de vida curto da partícula revestida, resultando numa fácil capacidade de ligação da fase móvel à superfície das partículas de sílica (Drees e Wu, 2008).

A HPLC de fase inversa é bem conhecida com a utilização de moléculas não polares (por exemplo, hidrocarboneto octadecil C-18) ligadas a partículas de sílica gel como fase estacionária. A fase móvel para esta coluna é acetonitrilo, metanol, água ou qualquer combinação de solventes. As amostras iónicas, não iónicas e ionizáveis podem ser separadas por esta técnica, com a utilização de um tampão para criar as caraterísticas iónicas e o pH desejados para a separação. O tamanho das colunas varia entre 3 e 20 mm, de modo a utilizar partículas mais pequenas e maiores para separações analíticas e preparativas, respetivamente. Os detectores avançados em HPLC transmitem sinais electrónicos, que são desenvolvidos pelo eluente que sai da coluna para o registador para registar o sinal em relação ao tempo que a fase móvel na coluna demora a passar a partir do momento da injeção da amostra. Em condições idênticas, a identificação dos compostos é efectuada através do tempo de retenção, tornando-o comparável com os tempos de retenção padrão (Drees e Wu, 2008).

2.12. CROMATOGRAFIA GASOSA

A cromatografia gasosa (CG) ou cromatografia líquida gasosa é um tipo comum de cromatografia utilizado em química analítica para separar e analisar compostos que podem ser vaporizados sem decomposição (Pavia *et al.*, 2006). A CG é uma técnica analítica frequentemente utilizada em muitos laboratórios de investigação e industriais para o controlo de qualidade, bem como para a identificação e quantificação de compostos numa mistura. A CG é também uma técnica frequentemente utilizada em muitos laboratórios ambientais e forenses porque permite a deteção de quantidades muito pequenas de amostra. A CG pode igualmente ser utilizada para preparar compostos puros a partir de uma mistura (Pavia *et al.*, 2006). A CG moderna foi inventada por Martin e James em 1952 (Bartle e Myers, 2002) e tornou-se indiscutivelmente uma das técnicas analíticas mais importantes e amplamente aplicadas na química moderna. Com a CG, é possível analisar uma grande variedade de amostras, desde que os compostos sejam suficientemente estáveis termicamente e voláteis. O princípio da separação baseia-se nas diferenças de comportamento de partição entre uma fase móvel fluida e uma fase estacionária para separar os componentes de uma mistura. Na CG, a fase móvel é um gás de arrastamento, geralmente um gás inerte, como o hélio, o azoto ou o árgon. A fase estacionária é constituída por uma coluna de enchimento em que o próprio enchimento ou suporte sólido actua como fase estacionária, ou revestido com a fase estacionária líquida. A maioria dos cromatógrafos de gás analíticos utiliza colunas capilares, em que a fase estacionária reveste diretamente as paredes de um tubo de pequeno diâmetro. A separação dos compostos baseia-se nas diferentes forças de interação dos compostos com as paredes da coluna (fase estacionária). Quanto mais forte for a interação, mais tempo o composto interage com a fase estacionária e mais tempo demora a migrar através da coluna (tempo de retenção mais longo). Assim, cada composto é eluído em tempos diferentes, designados por tempo de retenção do composto. A comparação dos tempos de retenção é o que confere à CG a sua utilidade analítica.

CAPÍTULO 3

3.1 MATERIAIS E MÉTODOS

3.2 Recolha e preparação de amostras

As folhas verdes frescas de *B. pinnatum* foram recolhidas no Centro Internacional de Etnomedicina e Desenvolvimento de Fármacos (InterCEDD), Nsukka, Estado de Enugu, Nigéria. A identificação e a autenticação da planta foram efectuadas por um taxonomista, o Sr. A. O. Ozioko, do InterCEDD, e foi depositado um espécime no herbário do InterCEDD (número de espécime: BDCP/INTERCEDD-78). A folha seca foi pulverizada com um misturador de laboratório e os pós finos obtidos foram pesados e armazenados num recipiente hermético à temperatura ambiente até utilização posterior.

3.3 Extração de materiais vegetais

A amostra em pó pesada (800 g) foi então utilizada para a extração com uma combinação de solventes de água e etanol (3:7) (4000 ml) durante 72 horas por maceração. O rendimento do extrato (25 g) foi calculado de acordo com o método de Nkafamiya *et al.* (2010) utilizando a fórmula abaixo:

$$\text{Percentage yield} = \frac{massofextractafterrotaryeveporation\ (g)}{massofpowderedsample\ (g)} \times 100$$

3.4 Conceção do estudo

3.3.1 Fluxograma da conceção do estudo I (planta)

3.3.2 Fluxograma da conceção do estudo II (animal)

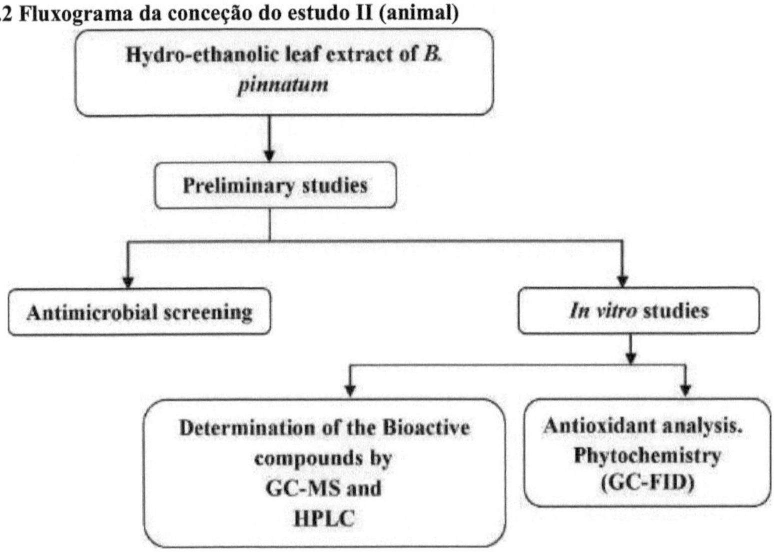

Figura 3.1a: Procedimento esquemático para o fluxograma de conceção do estudo I (planta)

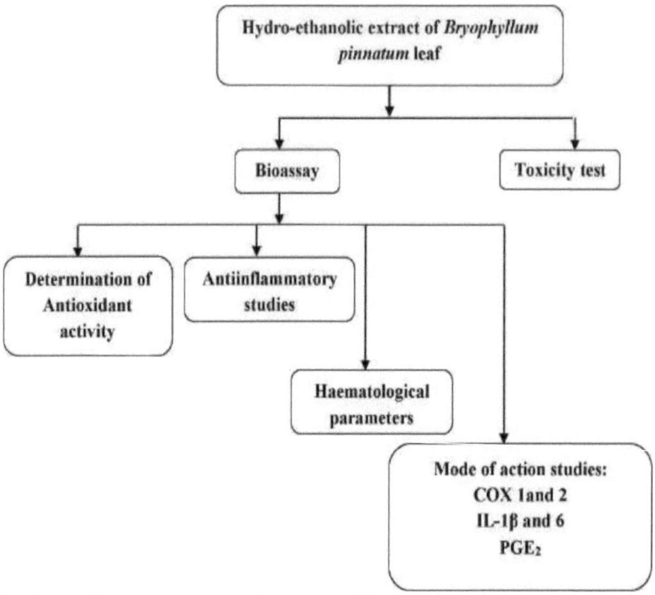

Figura 3.1b: Procedimento esquemático para o fluxograma de conceção do estudo II (animal)

3.5 Quantificação (GC-FID) do teor fitoquímico do extrato da planta

O método de Kelly e Nelson, (2014) foi utilizado para a quantificação do conteúdo fitoquímico. Um grama (1 g) de extrato foi pesado e transferido para um tubo de ensaio contendo 15 ml de etanol e 10 ml de hidróxido de potássio a 50 % m/v. O tubo de ensaio foi deixado em repouso num banho de água a 60^0 C durante 60 minutos. Após os 60 minutos, o produto da reação contido no tubo de ensaio foi transferido para uma ampola de decantação. O tubo foi lavado com sucesso com 20 ml de etanol, 10 ml de água destilada fria, 10 ml de água quente e 3 ml de hexano, que foram todos transferidos para a ampola de decantação. Este extrato foi combinado e lavado três vezes com 10 ml de solução aquosa de etanol a 10 % v/v. A solução foi seca com sulfato de sódio anidro e o solvente foi evaporado. O extrato foi solubilizado em 1000 µї de piridina, dos quais 200 µї foram transferidos para um frasco para análise. A análise de esteróides livres foi realizada em um cromatógrafo a gás BUCK M910 equipado com detetor de ionização de chama e as concentrações dos diferentes fitoquímicos foram expressas em gg/g.

3.6 Determinação da dose letal mediana (LD50)

A dose letal média foi determinada utilizando o método de Lorke (1983). Este método tem duas fases, que são as fases 1 e 2, respetivamente.

Fase 1

Esta fase requer nove ratos. Os nove ratos foram divididos em três grupos de três animais cada. A cada grupo de animais foram administradas doses diferentes (10, 100 e 1000 mg/kg) do extrato da planta. Os animais foram colocados sob observação durante 24 horas para monitorizar o seu comportamento e mortalidade.

Fase 2

Esta fase envolve a utilização de três ratos, que foram distribuídos em três grupos de um animal cada. Foram administradas aos animais doses mais elevadas (1600, 2900 e 5000 mg/kg) do extrato da planta e depois observados durante 24 horas quanto ao comportamento e à mortalidade.

Em seguida, o LD_{50} foi calculado pela fórmula:

$$LD_{50} = \sqrt{(D_0 \times D_{100})}$$

D0 = A dose mais elevada que não provocou mortalidade,

D_{100} = Dose mais baixa que produziu mortalidade.

3.7 MÉTODOS ANALÍTICOS

3.6.1 Determinação da atividade de eliminação do radical óxido nítrico (NO)

Princípio

O procedimento baseia-se no princípio de que o nitroprussiato de sódio em solução aquosa a pH fisiológico (7,0) gera espontaneamente óxido nítrico, que interage com o oxigénio para produzir iões nitrito que podem ser estimados através da utilização do reagente de Greiss

Método

O ensaio de eliminação do radical óxido nítrico (NO) foi determinado utilizando o método de Jagetia *et al.* (2004).

Procedimento

O nitroprussiato de sódio em solução aquosa a pH fisiológico 7,0 gera espontaneamente NO, que interage com o oxigénio para produzir iões nitrito que podem ser estimados através da utilização do reagente de Greiss [1,0mL de reagente de ácido sulfanílico (0,33% preparado em ácido acético glacial a 20% à temperatura ambiente durante 5 minutos com 1mL de dicloreto de naftilenodiamina (0,1% p/v)]. Os sequestradores de NO competem com o oxigénio, levando à redução da produção de NO. O nitroprussiato de sódio 5mM em fosfato-salina foi misturado com o extrato, antes da incubação a 25°C durante 150 minutos. Em seguida, a mistura de reação foi adicionada ao reagente de Greiss e a absorvância lida a 546 nm em relação à absorvância da solução padrão de nitrato de potássio tratada da mesma forma com o reagente de Greiss.

3.6.2 Determinação da atividade de eliminação do peróxido de hidrogénio

Princípio

O princípio baseia-se na capacidade do extrato de impedir a decomposição da desoxirribose induzida por Fe^{2+}/H2O2.

Método

A atividade de eliminação do peróxido de hidrogénio do extrato da planta foi realizada de acordo com o método de Halliwell e Gutteridge (1992).

Procedimento

Resumidamente, o extrato recém-preparado (0-100µl) foi adicionado a uma mistura de reação contendo 120µl, 20mM desoxirribose, 400µl, 0,1M tampão fosfato, pH 7,4, 40µl, 20mM peróxido de hidrogénio e 40µl, 500µM FeSO4, e o volume foi aumentado para 800µl com água destilada. A mistura de reação foi incubada a 37°C durante 30 minutos e a reação foi interrompida pela adição de 0,5 ml de TCA a 2,8%, seguida da adição de 0,4 ml de solução de TBA a 0,6%. Os tubos foram posteriormente incubados em água a ferver durante 20 minutos. A absorvância foi medida a 532nm num espetrofotómetro.

3.6.3 Determinação da atividade de eliminação do radical DPPH

Princípio

O método baseia-se na eliminação do DPPH por antioxidantes, que, após uma reação de redução, descolora a solução de metanol de DPPH. O ensaio mede a capacidade redutora dos antioxidantes em relação ao radical DPPH.

Método

A capacidade de eliminação de radicais livres do extrato contra DPPH (2, 2- difenil-1-picrilhidrazil)

foi determinado segundo o método de Brand-Williams *et al.* (1995).

Procedimento

Foi adicionada uma alíquota de 0,5 Mm de solução de DPPH às soluções das amostras em diferentes concentrações (20 -100 mg/ml). Foi também preparado um controlo (Controlo Abs) contendo metanol e solução de DPPH. Todas as soluções obtidas foram então incubadas durante 1 hora à temperatura ambiente. A absorvância foi medida a 517 nm. A vitamina C foi utilizada como padrão e foram preparadas as mesmas concentrações que as soluções de teste. A percentagem de inibição das amostras foi calculada a partir da absorvância obtida através da equação:

$$\text{Percentage inhibition} = \frac{Absofcontrol - Absoftest/standard}{Absofcontrol} \times 100$$

Percentagem de inibição =
$$\frac{Absofcontrol\text{-}Absoftest/standard}{Absofcontrol}$$

Foi traçada uma curva de inibição percentual versus concentração e a concentração da amostra necessária para uma inibição de 50% foi determinada e representada como valor IC_{50} para cada uma das soluções de teste.

3.6.4 Determinação da propriedade antioxidante redutora férrica (FRAP)

Princípio

O princípio do ensaio baseia-se na capacidade de poder redutor do extrato através da quantificação do produto de degradação férrico pela sua ação de condensação.

Método

A propriedade redutora dos extractos foi determinada conforme descrito por Jayaprakasha *et al.* (2001). **Procedimento**

Resumidamente, 0,2 g do extrato foram misturados com 2,5 ml de tampão fosfato de sódio 200 mM (pH 6,6) e 2,5 ml de ferrocianeto de potássio a 1%. A mistura foi incubada a 50°C durante 20 minutos, após o que foram adicionados 2,5 ml de ácido tricloroacético a 10%. A mistura foi então centrifugada a 650 rpm durante 10 minutos. O sobrenadante (a camada superior) (5 ml) foi misturado com igual volume de água desionizada e 1 ml de cloreto férrico a 0,1%, e a absorvância foi medida a 700 nm. As capacidades de poder redutor férrico dos extractos de plantas e dos antioxidantes padrão foram expressas graficamente através da representação gráfica da absorvância em função da concentração. O ácido ascórbico foi utilizado como referência positiva. A experiência foi efectuada em triplicado.

3.8 ESTUDO ANTIMICROBIANO

3.7.1 Fontes e manutenção dos organismos de ensaio:

No estudo, foram utilizados sete (7) isolados bacterianos, incluindo *Staphylococcus aureus, Klebsiella pneumoniae, Psuedommonas aeruginosa, Escherichia coli, Basillus subtilis, Aspergillus niger* e *Penicillum marnafei*, obtidos no Departamento de Microbiologia e Fabricação de Cerveja da Universidade Nnamdi Azikiwe de Awka. Todas as espécies bacterianas utilizadas foram mantidas em ágar nutriente e armazenadas no frigorífico a uma temperatura de 4°C, de onde foram subcultivadas em meios frescos antes de serem utilizadas.

3.7.2 Preparação e Padronização do Inóculo Bacteriano:

A padronização do inóculo bacteriano foi efectuada através da colheita de cinco colónias de cada organismo em caldo nutriente (Oxoid Thermo Fisher Microbiology, Reino Unido) e incubação a 37°C durante 18-24 horas. A turvação produzida foi ajustada para corresponder ao padrão de 0,5 McFarland (10^8 ufc/ml), que foi posteriormente ajustado para 10^5 ufc/ml.

3.7.3 Rastreio antimicrobiano

Foram utilizados os métodos do NCCLS (2004) e modificados por Anibijuwon *et al.* (2012) para o ensaio antimicrobiano .

Foi feita uma suspensão de microrganismos em caldo nutriente e incubada durante 24 horas. A turvação do organismo de teste foi ajustada utilizando solução salina normal estéril para 0,5 padrão Macfarland (10^8 Cfu/ml). A partir do stock de 500mg/ml de extrato preparado dissolvendo 0,5g em 1ml de dimetil sulfóxido (DMSO), foram feitas diluições em série para 250, 125, 62,5, 31,25 e 15,625 mg/ml. Cada placa de meio rotulada foi inoculada uniformemente com um organismo de teste utilizando uma zaragatoa de algodão estéril enrolada na suspensão para estriar a superfície da placa de forma a que se possa observar o crescimento de relva. Foi utilizada uma broca de cortiça estéril de 6 mm de diâmetro para fazer poços no meio. Em cada um dos poços devidamente identificados, foram colocados 0,01 ml das várias concentrações de extrato. O DMSO utilizado para dissolver o extrato foi testado puro para o organismo. As placas inoculadas foram mantidas no frigorífico durante 1 hora para permitir que os extractos se difundissem no ágar. As placas de Ágar Mueller Hinton foram incubadas a 37°C durante 24 horas. A atividade antimicrobiana foi determinada medindo o diâmetro das zonas de inibição (mm) produzidas após a incubação. Foram utilizados 10μg de ciprofloxacina (Optun disc, Nigéria) como controlo. Os testes foram efectuados em duplicado.

3.9 ELUCIDAÇÃO DE COMPOSTOS BIOACTIVOS

3.8.1 Elucidação por GC-MS

O método de Uchegbu *et al.* (2015) foi utilizado para efetuar a análise GC-MS.

A análise por cromatografia gasosa foi realizada utilizando GC-MS SHIMADZU QP - 2010, cromatografia gasosa JADAN 5890 -11 com uma coluna GC fundida (0v -101) revestida com polimetil silício (0,25m x 50m) e as condições foram as seguintes: programação de temperatura de 80 - 200°C mantida a 80°C durante 1 minuto a uma taxa de 5°C /min e a 200°C durante 20 minutos Temperatura F/D 300°C temperatura de injeção 250°C, gás portador azoto a um fluxo de 1ml/min razão de divisão 1:75.

O comprimento da coluna era de 30 m, com um diâmetro de 0,25 m e o caudal de 50 ml/min. Os eluentes eram automaticamente passados para um espetrómetro de massa com uma tensão de ditador fixada em 1,5 kv e uma razão de amostragem de 0,2 s. O espetro de massa foi também equipado com um banco de dados de espectros de massa alimentado por computador. Foi utilizada a centrifugadora HERMLEZ 233 M-Z da Alemanha. Os reagentes e solventes, como o etanol, o clorofórmio, o éter dietílico e o hexano, eram todos de qualidade analítica e foram adquiridos à Merck, Alemanha.

Para identificar os componentes fitoquímicos desconhecidos presentes no extrato, o valor do pico espetral de massa individual foi comparado com a base de dados do Instituto Nacional de Ciência e Tecnologia (NIST). Em seguida, os fitoquímicos foram identificados após a comparação do valor do pico desconhecido e do cromatograma do GC-MS com o cromatograma conhecido e o valor do pico da base de dados da biblioteca do NIST. Posteriormente, foram também obtidos os pormenores sobre a sua fórmula molecular, peso molecular, tempo de retenção e teor percentual.

3.8.2 Determinação do perfil por HPLC

A caraterização por HPLC foi efectuada utilizando o método descrito por Duarte *et al.* (2016) com ligeiras modificações.

A cromatografia líquida de alta resolução (HPLC-DAD) foi efectuada com um sistema HPLC Shimadzu Prominence Auto Sampler (SIL-20A) (Shimadzu, Quioto, Japão), equipado com bombas recíprocas Shimadzu LC-20AT ligadas a um desgaseificador DGU 20A5 com um integrador CBM 20A, um detetor de díodos SPD-M20A e o software LC solution 1.22 SP1. O extrato *de B. pinnatum* a uma concentração de 10 mg/mL foi injetado por meio de um amostrador automático Shimadzu modelo SIL-20A. As separações foram efectuadas utilizando a coluna Phenomenex C18 (4,6 mm x 250 mm x 5 μm de tamanho de partícula). A fase móvel foi água com 1% de ácido fórmico (v/v) (solvente A) e metanol de grau HPLC (solvente B) a um caudal de 0,6 mL/min e um volume de injeção de 50 μL. O gradiente de composição foi: 5% de solvente B atingindo 15% aos 10 min; 30% de solvente B aos 25 min, 65% de solvente B aos 40 min e 98% de solvente B aos 45 min, seguido de 50 min em eluição isocrática até 55 min. Aos 60 minutos, o gradiente atingiu novamente as condições iniciais. A amostra e a fase móvel foram filtradas através de um filtro de membrana de 0,45 μm (Millipore) e, em seguida, desgaseificadas por banho de ultra-sons antes da utilização. As soluções-mãe dos padrões de referência foram preparadas em metanol: água (1:1, v/v) numa gama de concentrações de 0,025-0,400 mg/mL. As quantificações foram efectuadas por integração dos picos utilizando o método do padrão externo, a 325 nm para o ácido clorogénico e o ácido cafeico; e a 366 para a quercetina, a rutina, a apigenina, o kaempferol e a luteolina.

Os picos cromatográficos foram confirmados por comparação do seu tempo de retenção com os dos padrões de referência e por espectros de DAD (200 a 600 nm).

3.10ESTUDOS SOBRE ANIMAIS

3.9.1 Aquisição de animais de estudo

Trinta (30) ratos albinos Wistar adultos de ambos os sexos, pesando 150-200 g, foram adquiridos em Chris farms, Mgbakwu town, Awka north, Anambra State. Os ratos foram mantidos em gaiolas normais com serradura como cama e em condições de alojamento normais de ciclos de 12:12 de luz: escuridão e alimentados com rações normais para ratos e água *ad libitum*. Todos os procedimentos e protocolos experimentais utilizados neste estudo estavam em conformidade com os princípios orientadores dos Cuidados com Animais de Laboratório da Sociedade Nacional de Investigação Médica (Publicação do NIH; Guia para os cuidados e utilização de animais de laboratório, n.º 85-23, revisto em 1985).

3.9.2 Agrupamento de animais e administração de doses

Os ratos foram divididos em cinco (5) grupos (A-E) de seis (6) ratos por grupo, por gaiola. O extrato da planta foi preparado em água destilada (5 g em 100 ml) em três doses divididas (100 mg/kg, 200 mg/kg e 400 mg/kg) e a dexametasona (0,5 mg/kg) foi utilizada como padrão e administrada por via oral. Ao grupo A foi administrada uma dose de 100 mg/kg do extrato da planta, ao grupo B foi administrada uma dose de 200 mg/kg do extrato da planta, ao grupo C foi administrada uma dose de 400 mg/kg do extrato, ao grupo D serviu de controlo padrão e foi administrada uma dose de 0,5 mg/kg de Dexametasona

e o grupo E serviu de controlo negativo e foi-lhe administrada água destilada.

Tabela 3.0: Agrupamento e administração de doses aos animais

Grupo	Tratamento
A	Edema mais 100 mg/kg de amostra de extrato
B	Edema mais 200 mg/kg de amostra de extrato
C	Edema mais 400 mg/kg de amostra de extrato
D	Edema mais 0,5 mg/kg de medicamento padrão
E	Edema sem tratamento

3.9.3 Indução de edema da pata de rato com carragenina

O edema da pata traseira induzido por carragenina é o modelo experimental padrão para a inflamação aguda. A carragenina é o agente flogístico de eleição para testar fármacos anti-inflamatórios, uma vez que não se sabe se é antigénica e é desprovida de efeito sistémico aparente (Winter *et al.*, 1962). Além disso, o modelo apresenta um elevado grau de reprodutibilidade. O provável mecanismo de ação da inflamação induzida pela carragenina é bifásico; a primeira fase é mediada pela libertação de histamina, serotonina e cininas, enquanto a segunda fase está relacionada com a libertação de prostaglandina e de substâncias de reação lenta, que atingem o seu pico às 3 horas.

A inflamação aguda foi produzida por injeção subplantar de 0,1 ml de suspensão a 1% de carragenina em solução salina normal na pata traseira direita dos ratos, 60 minutos após a administração oral de extractos e veículos. O volume da pata foi medido por um pletismómetro digital aos 0 minutos, 30 minutos, 60 minutos e 120 minutos após a indução da inflamação no mesmo dia. A percentagem de inibição do edema em relação à do controlo foi considerada como atividade anti-inflamatória. A percentagem de inibição do edema foi calculada pelo formulário:

Percentagem de inibição do edema = ^{x} 100

Em que A representa o volume da pata do grupo de controlo e B representa o volume da pata do grupo tratado

3.9.4 Granuloma induzido por película de algodão

O método de Goldstein *et al.* (1967) foi utilizado para a atividade anti-inflamatória crónica. Este é um modelo animal estabelecido para avaliar a atividade anti-inflamatória crónica dos compostos. Um pellet de algodão estéril, pesando 20 mg cada, foi implantado subcutaneamente em animais anestesiados numa região da virilha de cada rato. O veículo, o medicamento padrão e as amostras de plantas (100 mg, 200 mg e 400 mg) foram administrados durante sete dias consecutivos com acesso livre a água e alimentos *ad libitum*. No oitavo dia, os animais foram sacrificados com anestesia excessiva e os grânulos de algodão foram removidos cirurgicamente, limpos de tecido estranho e secos numa estufa de ar quente a 60^{0} C até atingirem um peso constante, tendo sido determinado o peso seco dos grânulos. O peso seco do granuloma foi calculado observando a diferença no peso seco dos grânulos de algodão registados antes e depois da implantação. A alteração percentual do peso do granuloma em relação ao grupo de controlo foi considerada como um índice de atividade anti-inflamatória crónica. A percentagem de inibição do aumento do peso dos grânulos de algodão foi calculada por:

$$\% \text{ de inibição} = \frac{(X-Y)}{X} \times 100$$

Em que X é o peso dos grânulos do grupo de controlo e Y é o peso dos grânulos do grupo tratado.

3.9.5 Sacrifício e recolha de amostras

No oitavo dia, todos os ratos foram anestesiados com clorofórmio e o sangue foi retirado lentamente através de punção cardíaca. As amostras de sangue foram dispersas em frascos de ácido etilenodiamino tetracético (EDTA) (para análise hematológica) e em frascos universais (para bioensaio enzimático). As amostras nos frascos universais foram deixadas a coagular, após o que foram centrifugadas durante 10 minutos a 4000 rpm. Os soros obtidos foram transferidos para outro frasco para estudos de bioensaio adicionais.

3.11ENSAIO ANTIOXIDANTE *IN VIVO*

3.10.1 Ensaio da atividade da superóxido dismutase (SOD)

Princípio

O ensaio da SOD baseia-se na inibição da formação do formazão NADH-fenazina metossulfato-nitroblue tetrazolium.

Método

A SOD foi analisada de acordo com o método de Kakkar *et al.* (1984).

Procedimento

A amostra (0,2 ml) foi cuidadosamente misturada com 3,0 ml de tampão de fosfato de potássio, centrifugada a 2000 g durante 10 minutos e o sobrenadante foi utilizado para o ensaio.

A mistura de ensaio continha 1,2 ml de tampão de pirofosfato de sódio, 0,1 ml de metossulfato de fenazina (PMS), 0,3 ml de azul de nitro tetrazólio (NBT), 0,2 ml da preparação enzimática e água num volume total de 2,8 ml. A reação foi iniciada pela adição de 0,2 ml de NADH. A mistura foi incubada a 30^0C durante 90 segundos e parada pela adição de 1,0ml de ácido acético glacial. A mistura reacional foi então agitada com 4,0 ml de n-butanol, deixada em repouso durante 10 minutos e centrifugada. A intensidade do cromogéneo na camada de butanol foi medida a 560 nm num espetrofotómetro (Genesys 10-S, EUA). Uma unidade de atividade enzimática é definida como a quantidade de enzima que inibiu em 50% a redução do NBT num minuto.

3.10.2 Ensaio da atividade da glutationa peroxidase (GPx)

Princípio

Na presença do dador de hidrogénio pirogalol ou dianisidina, a peroxidase converte H2O2 em H2O e O2. A oxidação do pirogalol ou da dianisidina num produto colorido denominado purpurogálico pode ser seguida espectrofotometricamente a 430 nm.

Método

O método proposto por Rotruck *et al.* (1973) foi utilizado para avaliar a atividade da GPx.

Procedimento

Resumidamente, adicionou-se 0,1 ml da amostra a 3,0 ml de solução de pirogalol e ajustou-se o espetrofotómetro para zero a 430 nm. Na cuvete de ensaio, adicionou-se 0,5 ml de H2O2 e misturou-se. A alteração da absorvância foi registada de 30 em 30 segundos, até 3 minutos, num espetrofotómetro (Genesys 10-S, EUA). Uma unidade de peroxidase é definida como a alteração da absorvância/minuto a 430 nm.

3.10.3 Ensaio da atividade da catalase (CAT)

Princípio

A enzima catalase é a mediadora da decomposição do peróxido de hidrogénio em oxigénio e água.

Método

A atividade da catalase foi determinada de acordo com o método de Sinha (1972).

Procedimento

A amostra (1 ml) foi misturada com 19 ml de água destilada para obter uma diluição de 1: 20. A mistura de ensaio continha 4 ml de solução de H2O2 (800μmoles) e 5 ml de tampão fosfato, pH 7,0, num balão de fundo plano de 10 ml. 1 ml de amostra devidamente diluída foi rapidamente misturado com a mistura de reação através de um movimento de agitação suave à temperatura ambiente. Retirou-se uma porção de 1 ml da mistura de reação e soprou-se em 2 ml de reagente dicromato/ácido acético a intervalos de 60 segundos. Determinou-se o teor de peróxido de hidrogénio da amostra retirada.

3.10.4 Ensaio da Capacidade Antioxidante Total (TAC)

Princípio

Este ensaio baseia-se na inibição da produção da formação do ião superóxido pelo nitroblue tetrazolium da amostra e é medido espectrofotometricamente a 695 nm.

Método

A capacidade antioxidante total foi determinada de acordo com o método de Jayaprakash *et al.* (2002) **Procedimento**

Uma alíquota (0,1 mL) da amostra foi misturada com 3 mL da solução reagente (ácido sulfúrico 0,6 M, fosfato de sódio 28 mM, molibdato de amónio 4 mM) colocada em tubos de ensaio. Os tubos foram tapados com folha de alumínio e incubados num banho de água a 95°C durante 90 minutos. A mistura de reação foi deixada arrefecer à temperatura ambiente e a absorvância da solução foi medida a 695 nm contra um branco contendo 3 mL de solução reagente e o volume apropriado dos solventes de dissolução. O branco foi incubado nas mesmas condições que as amostras de ensaio. O ácido ascórbico e o ácido gálico foram utilizados como compostos de referência padrão para comparar as actividades da amostra.

3.12PARÂMETROS HEMATOLÓGICOS

As amostras de sangue recolhidas dos ratos experimentais através de punção cardíaca foram analisadas no centro de diagnóstico WeCare, Zik Avenue, Awka, Anambra State, utilizando o analisador automático de hematologia mind Ray (BC 5300).

3.13BIOMARCADORES INFLAMATÓRIOS

As ciclo-oxigenases 1 e 2, as interleucinas 1 e 6 e a prostaglandina E2 foram todas efectuadas utilizando soro com um kit de ensaio ELISA normalizado fornecido por RANDOX Laboratories Ltd, Crumlin, Co. Antrim, Reino Unido.

3.14ANÁLISE DE DADOS

Os resultados foram expressos como média ± S.E.M. Foi efectuada uma análise de variância (ANOVA) unidirecional nos resultados *in vitro* e *in vivo* e a significância foi aceite a $p<0,05$. As análises gráficas foram efectuadas utilizando o programa GraphPad Prism5 (GraphPad Software, San Diego, CA, EUA).

CAPÍTULO 4

4.0 RESULTADOS

Tabela 4.1: Fitoquímica do extrato hidro-etanólico da folha de *B. pinnatum*

Componente	Concentração (µ§/§)
Kaempferol	7.006 ±0.02
Spartein	0.005 ±0.00
Antocianina	0.097 ±0.01
Oxalato	0.196 ±0.03
Sapogenina	3.372 ±0.00
Rutina	1.837 ±0.00
Lunamarine	1.359 ±0.01
Ribalinidina	0.027 ±0.00
Fitato	0.234 ±0.03
Catequina	0.235 ±0.03
Flavonóides totais	0.276 ±0.02

Os valores são médias ± erro padrão da média.

O conteúdo fitoquímico quantitativo do extrato da planta é apresentado na tabela 4.1. O extrato da planta contém um nível elevado de compostos fenólicos (9,22 µg) seguido de Kaempferol (7,01 µg). Outro composto que está presente em quantidade apreciável inclui Sapogenina (3,37 µg), Rutina (1,83 µg), bem como Lunamarine (1,35 µg). Outros constituintes como a esparteína, a antocianina, o oxalato, a ribalinidina, o fitato, a catequina e os flavonóides totais estão presentes em quantidades vestigiais.

Quadro 4.2: Teste toxicológico agudo do extrato hidroetanólico das folhas de *B. pinnatum*

Fase i

Grupos	Número de animais	Dose (mg/kg)	Número de mortes
1	3	10	0
2	3	100	0
3	3	1000	0

Fase II

Grupos	Número de animais	Dose (mg/kg)	Número de mortes
1	1	1600	0
2	1	2900	1
3	1	5000	1

LD50= /(Do **x** Dico)

Onde:

Do= A dose mais elevada que não provocou mortalidade,

D100 = Dose mais baixa que produziu mortalidade

LD5o= 7(1600x2900)

LD5o =2i54 **mg/kg**

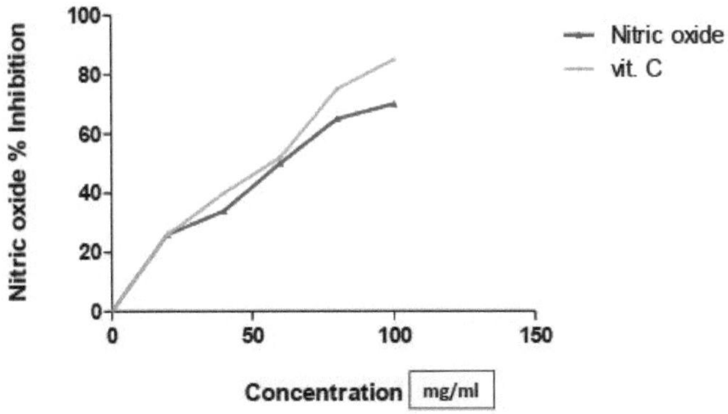

Figura 4.1a: Actividades de eliminação de óxidos nítricos do extrato de folhas de *Bryophyllum pinnatum* A Figura 4.1a apresenta as actividades de eliminação de óxidos nítricos do extrato de folhas de *Bryophyllum pinnatum*. O resultado mostrou que o extrato exibiu actividades inibitórias dependentes da concentração (20 mg/ml - 100 mg/ml).

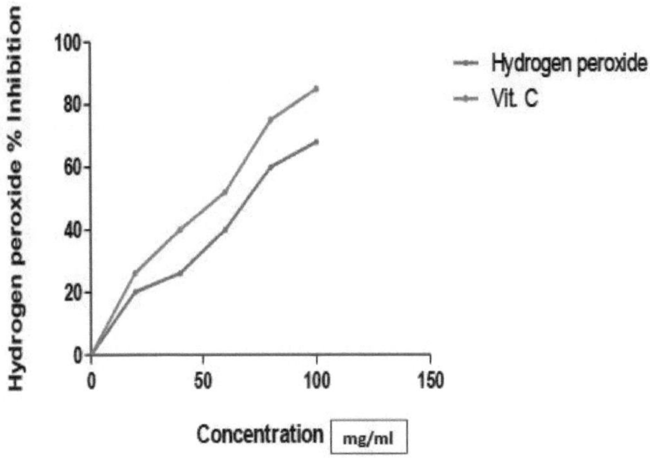

Figura 4.1b: Actividades de eliminação de peróxido de hidrogénio do extrato de folhas de *Bryophyllum pinnatum*

A Figura 4.1b apresenta as actividades de eliminação de peróxido de hidrogénio do extrato de folhas de *Bryophyllum pinnatum*. O resultado mostrou que o extrato exibiu actividades inibitórias dependentes da concentração (20 mg/ml - 100 mg/ml).

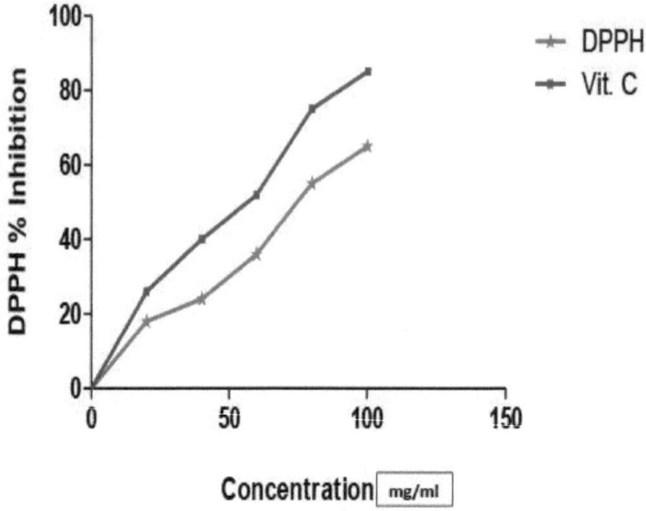

Figura 4.1c: Actividades de eliminação de DPPH do extrato de folhas de *Bryophyllum pinnatum*

A Figura 4.1c apresenta as actividades de eliminação de DPPH do extrato de folhas de *Bryophyllum pinnatum*. O resultado mostrou que o extrato exibiu actividades inibitórias dependentes da concentração (20 mg/ml - 100 mg/ml).

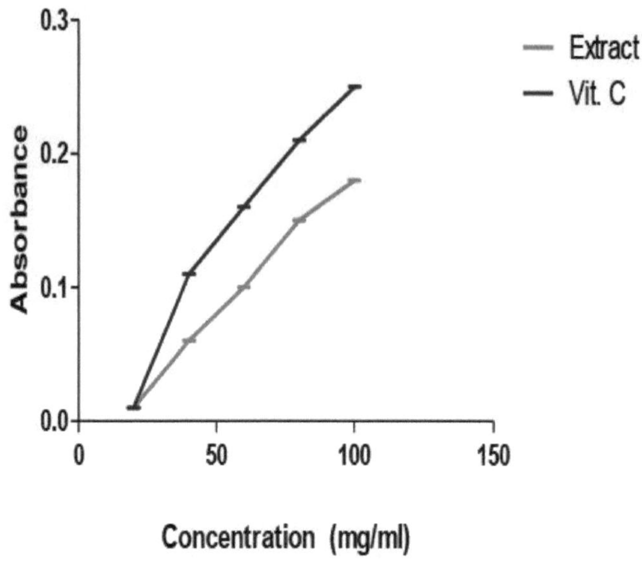

Figura 4.1d: Atividade redutora férrica do extrato de folhas de *Bryophyllum pinnatum*

A Figura 4.1d apresenta a atividade redutora de ferro do extrato de folhas de *Bryophyllum pinnatum*.

O resultado mostrou que o extrato da planta exibiu um poder redutor dependente da concentração (20 mg/ml - 100 mg/ml).

Tabela 4.3: Efeito do extrato de folhas de *B. pinnatum* em *Escherichia coli*

Concentração (mg/ml)	Zona de inibição (mm)
15.625	12.50
31.25	11.20
62.50	9.50
125.00	8.00
250.00	3.50
500.00	2.00
Padrão (ciprofloxacina)	19.50

A Tabela 4.3 apresenta o efeito do extrato de folha de *B. pinnatum* em *Escherichia coli.* O resultado mostrou que o extrato exibiu um aumento significativo nas actividades antibacterianas de uma forma dependente da concentração (15,625-500 mg/ml) com a atividade mais elevada a uma concentração de
15,625 mg/ml.

Tabela 4.4: Efeito do extrato de folha de *B. pinnatum* em *Psedomonas aeruginosa*

Concentração (mg/ml)	Zona de inibição (mm)
15.625	15.00
31.25	12.50
62.50	10.05
125.00	7.20
250.00	5.00
500.00	3.00
Padrão (ciprofloxacina)	20.00

A Tabela 4.4 apresenta o efeito do extrato da folha de B. pinnatum em Pseudomonas aeruginosa. O resultado mostrou que o extrato exibiu um aumento significativo nas actividades antibacterianas de uma forma dependente da concentração (15,625-500 mg/ml) com a atividade mais elevada na concentração mais baixa (15,625 mg/ml).

Tabela 4.5: Efeito do extrato de folhas de B. pinnatum em Penicillum

Concentração (mg/ml)	Zona de inibição (mm)
15.625	13.50
31.25	12.25
62.50	8.50
125.00	7.25
250.00	2.85
500.00	2.02
Padrão (ciprofloxacina)	15.00

A Tabela 4.5 apresenta o efeito do extrato da folha de *B. pinnatum* em *Penicillum marnefei.* O resultado mostrou que o extrato exibiu um aumento significativo nas actividades antibacterianas de uma forma dependente da concentração (15,625-500 mg/ml) com a atividade mais elevada a uma concentração de
15,625 mg/ml.

Tabela 4.6: Efeito do extrato de folhas de *B. pinnatum* em *Bacillus subtilis*

Concentração (mg/ml)	Zona de inibição (mm)

15.625	14.85
31.25	13.50
62.50	12.14
125.00	8.25
250.00	4.00
500.00	2.50
Padrão (ciprofloxacina)	20.00

A Tabela 4.6 apresenta o efeito do extrato da folha de *B. pinnatum* em *Bacillus subtilis.* O resultado mostrou que o extrato exibiu um aumento significativo nas actividades antibacterianas de uma forma dependente da concentração (15,625- 500 mg/ml) com a atividade mais elevada a uma concentração de 15,625 mg/ml.

Tabela 4.7: Efeito do extrato de folhas de *B. pinnatum* em *Staphylococcus aureus*

Concentração (mg/ml)	Zona de inibição (mm)
15.625	9.00
31.25	8.50
62.50	7.25
125.00	6.25
250.00	6.25
500.00	5.00
Padrão (ciprofloxacina)	11.00

A Tabela 4.7 apresenta o efeito do extrato da folha de *B. pinnatum* em *Staphylococcus aureus.* O resultado mostrou que o extrato exibiu um aumento significativo nas actividades antibacterianas de uma forma dependente da concentração (15,625- 500 mg/ml) com a atividade mais elevada a uma concentração de 15,625 mg/ml.

Tabela 4.8: Efeito do extrato de folhas de *B. pinnatum* em *Aspergillus*

Concentração (mg/ml)	Zona de inibição (mm)
15.625	12.00
31.25	8.25
62.50	8.00
125.00	7.50
250.00	2.50
500.00	1.00
Padrão (ciprofloxacina)	13.00

A Tabela 4.8 apresenta o efeito do extrato da folha de *B. pinnatum* em *Aspergillus niger.* O resultado mostrou que o extrato exibiu um aumento significativo nas actividades antibacterianas de uma forma dependente da concentração (15,625- 500 mg/ml) com a atividade mais elevada a uma concentração de 15,625 mg/ml.

Tabela 4.9: Efeito do extrato de folhas de *B. pinnatum* em *Klebsiella pneumoniae*

Concentração (mg/ml)	Zona de inibição (mm)
15.625	14.30
31.25	14.00
62.50	13.50

125.00	10.00
250.00	5.50
500.00	2.00
Padrão (ciprofloxacina)	18.00

Tabela 4.10: Os compostos bioactivos identificados a partir do extrato da folha utilizando GC-MS

Pico #	Composto	Molecular Fórmula	Molecular Peso (g/mol)	Retenção Tempo (min)	% Conteúdo
1	Ácido propanoico	CH3CH2COOH	74.08	5.900	13.502
2	2-Amino-3-hidroxipiridina	C5H6N2O	110.11	6.757	34.678
3	(2,5-Dioxo-2,5-di-hidropirrol-1 -il)-éster	C6H5NO4	155.11	8.246	7.938
4	2-bromo-2-metil do ácido acético	C5H9BrO2	181.03	8.577	20.696
5	Ácido pentanodioico	C5H10O2	103.12	9.278	1.232
6	2-Ciclobuteno-1-carboxamida Ácido 2-tiofenocarboxílico	C5H4O2S	128.15	10.054	7.422
7	Ácido butanodióico	C4H6O4	118.09	10.842	2.696
8	2-etoxi-tiazol	C5H7NOS	129.18	12.343	5.146
9	4-Cloro-2-nitrofenol	C6H4ClNO3	173.55	18.430	6.692

A análise GC-MS do extrato da planta é apresentada na tabela 4.10. Verificou-se que o extrato de folhas de *B. pinnatum* é rico em 2-Amino-3-hidroxipiridina (teor de 34,678%), seguido de 2-bromo-2-metil éster (20,696%). Outro composto presente em quantidade apreciável inclui o ácido propiónico (13,502 %), o ácido 2,5-Dioxo-2,5-dihidropirrol-1-il)-acético (7,938 %), o ácido 2- ciclobuteno-1-carboxamida 2-Tiofenocarboxílico (7,422 %) e o 4-Cloro-2-nitrofenol (6,692 %). Outros compostos, como o ácido butanodióico e o ácido pentanodióico, estão presentes em quantidades vestigiais.

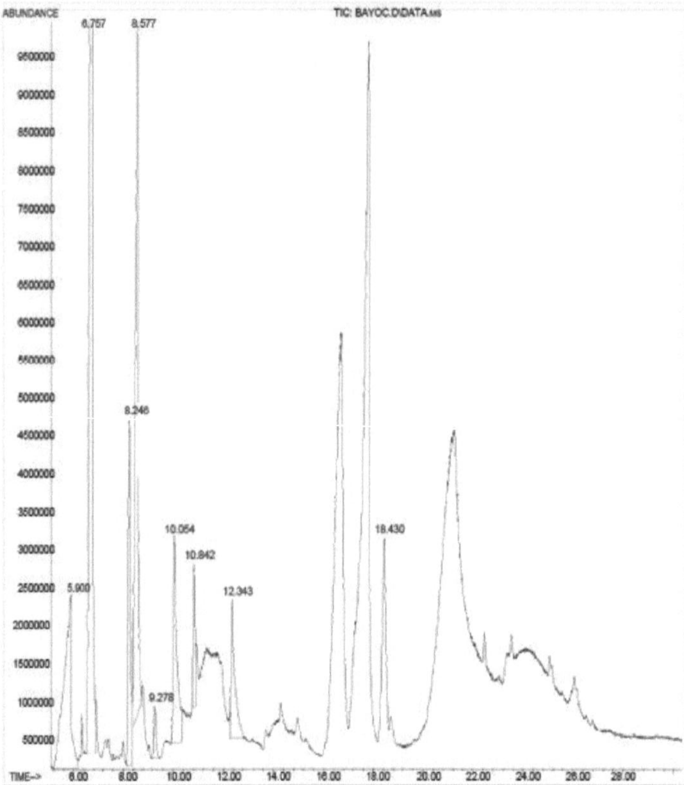

Fig. 4.2: Cromatograma GC-MS do extrato de folhas de *B. pinnatum*.

O cromatograma GC-MS do extrato da planta é apresentado na figura 4.2. O extrato da folha de *B. pinnatum* apresentou nove (9) picos, indicando nove compostos diferentes. Verificou-se que o extrato é rico em 2-Amino-3-hidroxipiridina (34,678% do conteúdo), seguido de 2-bromo-2-metil éster (20,696%). Outros compostos presentes em quantidades apreciáveis são o ácido propiónico (13,502 %), o ácido 2,5-dioxo-2,5-dihidropirrol-1-il)-acético (7,938 %), o ácido 2-ciclobuteno-1-carboxamida-2-tiofenocarboxílico (7,422 %) e o 4-cloro-2-nitrofenol (6,692 %). Outros compostos, como o ácido butanodióico e o ácido pentanodióico, estão presentes em quantidades vestigiais.

Tabela 4.11: A lista de compostos identificados a partir do extrato de folhas utilizando HPLC

Pico #	Composto	Molecular Fórmula	Molecular Peso (g/mol)	Tempo de retenção (min)	Área %
1	1,3-Dimetil-4-amino-4,5(1H)-dihidro-1,2,4-triazole-5-ona	C2H4N4O	100.08	5.595	1.56
2	2-Propenal	C3H4O	71.08	6.661	4.26
3	5-Isothiazolecarboxamida	C4H4N2OS	128.15	6.864	6.19
4	2,5Dimetilbenzenotiol	C8H10S	138.23	8.742	2.16

5	Clorometil(propil)diclorosil aneNaftaleno	C11H9Cl	176.64	9.656	3.70
6	Ácido propanoico	CH3CH2COOH	74.08	10.518	0.42
7	iodo-1,3 -Dimetil-2,4,5 -	C7H10	94.15	11.026	1.78
8	trioxoimidazolidina Ácido isopropilbarbitúrico	C7H10N2O3	170.17	12.955	0.85
9	Ácido 4-Isoxazolecarboxílico	C11H8ClNO3	237.64	14.376	0.39
10	4-Clorofenil-hidrazina	C6H7CM	142.58	16.559	2.10
11	6-amino-2-methyl-5-nitroso-2(3H)-Furanona	C5H6N4O3	170.13	17.168	5.52
12	Ácido 1H-Imidazol-4,5-dicarboxílico	C5H4N2O4	156.1	18.792	0.52
13	1,2,4-Trimetoxibenzeno	C9H12O3	168.19	19.147	0.93
14	Clofibrato	C12H15ClO3	242.7	19.655	0.94
15	1,1 -Diclorociclopentano	C5H8Cl2	139.02	20.416	0.88
16	4-Quinolinol	C9H7NO	145.16	21.025	0.37
17	Ácido benzenossulfónico	C6H6O3S	158.18	22.040	1.08
18	4-Amino-N-(2-hidroxietil)-6-metoxi- 1,3,5-triazina-2-carboxamida	C21H30N8O4	458.5	23.208	0.49
19	1,3,5,7-Ciclooctatetraeno	C8H8	104.15	23.614	2.42
20	1H-Purina-2,6-diona	C7H6N4O2	178.15	25.644	4.15
21	2,4-Dimetil-7-cloroquinolina	C11H10ClN	191.65	28.893	3.90
22	5- [2-butiriletil]-3,5- Álcool dinitrobenzílico	C7H6N2O5	198.13	31.481	4.80
23	6-Cloro-2-metilquinoxalina	C9H7ClN2	178.62	32.293	10.45
24	1-Ciclo-hexiloxi- 1-metil-1-siliciclopentano	C7H12	96.17	36.303	3.13
25	(2E,4E)-5-(3,4-Metilenodioxifenil)penta-2,4-dienal	C11H9NO3	203.19	41.227	7.47
26	Acetamipride	C10H11CM	222.67	43.562	1.45
27	4-Alil-3,3-diethyl-4-hydroxy-pyrrolidin-2-one	C26H35N3O2	421.6	50.668	4.48
28	N-butil-Dodecanamida	C18H37NO2	299.5	51.429	1.91
29	1,2-Benzisotiazol-2-acético ácido	C9H7NO2S	193.22	54.576	5.25
30	1-Butil-2,5-dicianobenzeno	C10H13NO2	179.22	56.657	0.65
31	2,4,6-Triiodoanilina	C6H4I3N	470.82	62.697	0.65
32	4(1H)-Pteridinona	C6H7NO	109.13	68.382	1.38
33	Espiro[4.5]decan-2-ona, 1-metilina	C11H16O	164.24	71.529	5.26

A análise HPLC do extrato da planta é apresentada na tabela 4.11. Verificou-se que o extrato de folhas de *B. pinnatum* contém vários compostos com uma área percentual variável. Verificou-se que a 6-cloro-2-metilquinoxalina tem a área percentual mais elevada (10,45 %), seguida de (2E,4E)- 5-(3,4-Metilenodioxifenil)penta-2,4-dienal (7,47 %). Outros compostos identificados em quantidades apreciáveis incluem a 5-isotiazol-carboxamida (6,19%), a 6-amino-2-metil-5-nitroso-2(3H)-furanona (5,52%), o espiro[4.5]decan-2-ona, 1-metileno (5,26%), o ácido 1,2-benzoisotiazol-2-acético (5,25%). Outros incluem o álcool 5-[2-butirilétil]-3,5-dinitrobenzílico (4,80 %), o 4-alil-3,3-dietil-4-hidroxi-pirrolidin-2-ona (4,48 %), o 2-propenal (4,26 %) e a 2,4-dimetil-7-cloroquinolina (3,90 %). Outros compostos, como o 1-butil-2,5-dicianobenzeno (0,65 %), o ácido propanoico (0,42 %), o ácido 4-isoxazolecarboxílico (0,39)e o 4-quinolinol (0,37 %), apresentam uma área percentual negligenciável.

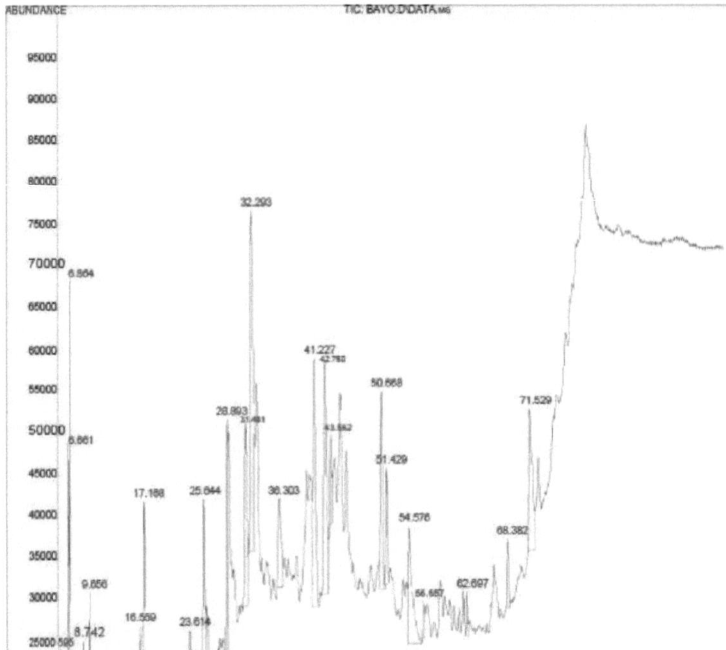

Fig. 4.3: Cromatograma HPLC do extrato hidroetanólico das folhas de *B. pinnatum*

O cromatograma HPLC do extrato da planta é apresentado na figura 4.3. O extrato de folhas de *B. pinnatum* apresentou trinta e três (33) picos. Verificou-se que o extrato de folhas de *B. pinnatum* contém vários compostos com uma área percentual variável. A 6-cloro-2-metilquinoxalina apresentou a área percentual mais elevada (10,45 %), seguida do (2E, 4E)-5-(3,4-Metilenodioxifenil) penta-2,4-dienal (7,47 %). Outros compostos identificados em quantidades apreciáveis incluem a 5-isotiazol-carboxamida (6,19 %), a 6-amino-2-metil-5-nitroso-2(3H)-Furanona (5,52 %), a espiro [4,5] decan-2-ona, 1-metileno (5,26 %), o ácido 1, 2-benzoisotiazol-2-acético (5,25 %). Outros incluem o álcool 5-[2-butirilétil]-3, 5-Dinitrobenzílico (4,80 %), 4-alil-3,3-diethyl-4-hydroxy-pirrolidin-2-one (4,48 %), 2-Propenal (4,26 %) e 2,4-Dimetil-7-cloroquinolina (3,90 %). Outros compostos, como o 1-butil-2,5-dicianobenzeno (0,65 %), o ácido propanoico (0,42 %), o ácido 4-isoxazolecarboxílico

(0,39)e o 4-Quinolinol (0,37 %), apresentam uma área percentual negligenciável.

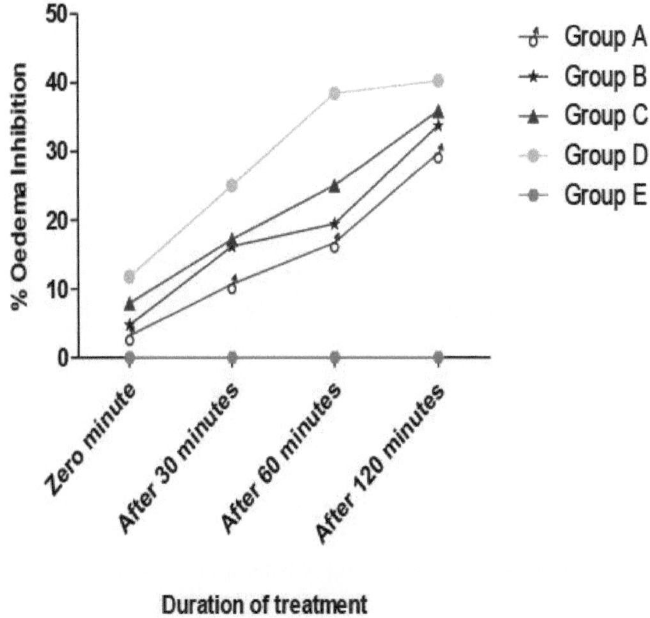

Figura 4.4a: Efeito do extrato da folha de *B. pinnatum* na inibição do edema após 120 minutos

A figura 4.4a apresenta o efeito do extrato da folha de *B. pinnatum* na inibição do edema nos animais experimentais após 120 minutos. A resposta dos animais experimentais ao tratamento foi dependente da dose (100 mg/kg, 200 mg/kg, 400 mg/kg de peso corporal). Verificou-se uma inibição significativa ($p<0,05$) do edema nos animais do grupo C quando comparados com o grupo de controlo.

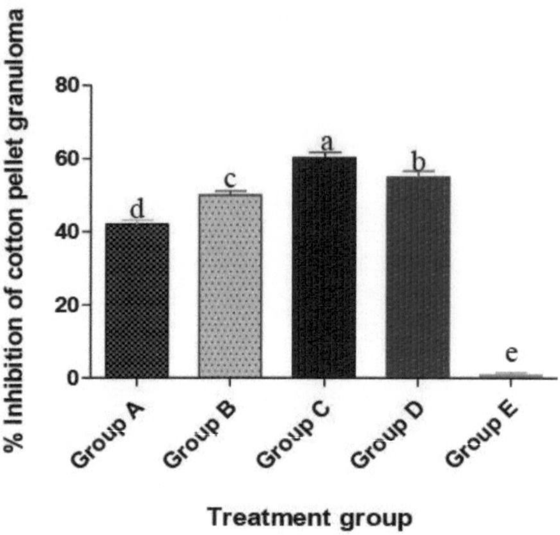

Figura 4.4b: Efeito do extrato de folhas de *B. pinnatum* na inibição do granuloma de pellets de algodão após sete dias.

As colunas com alfabetos diferentes são significativamente diferentes a P< 0,05

A Figura 4.4b apresenta o efeito do extrato da folha de *B. pinnatum* na inibição do granuloma de algodão nos animais experimentais após sete dias. A resposta dos animais experimentais ao tratamento foi dependente da dose (100 mg/kg, 200 mg/kg, 400 mg/kg de peso corporal). Verificou-se uma inibição significativa ($p<0,05$) da percentagem de edema nos animais do grupo C em comparação com o grupo de controlo.

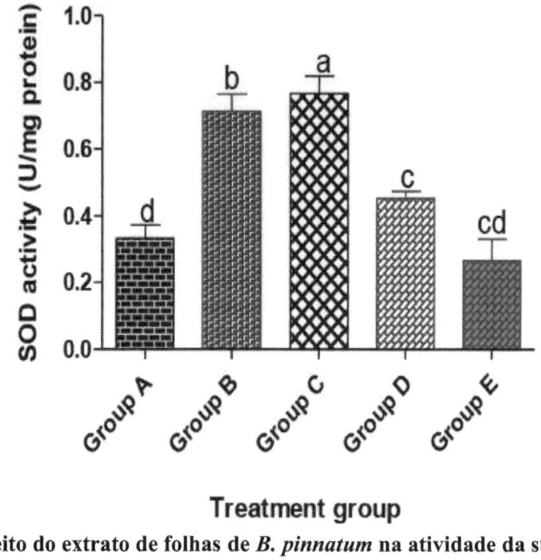

Figura 4.5a: Efeito do extrato de folhas de *B. pinnatum* na atividade da superóxido dismutase

As colunas com alfabetos diferentes são significativamente diferentes a P< 0,05

A Figura 4.5a apresenta o efeito do extrato de folhas de *B. pinnatum* nas actividades da superóxido dismutase nos ratos experimentais. O resultado mostrou que os animais do grupo C apresentaram um aumento significativo (p<0,05) nas actividades de SOD em comparação com o grupo de controlo.

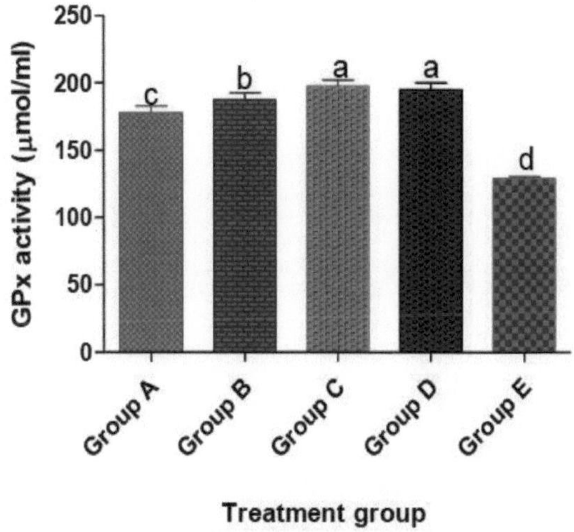

Figura 4.5b: Efeito do extrato de folhas de *B. pinnatum* na atividade da Glutationa peroxidase

As colunas com alfabetos diferentes são significativamente diferentes a P< 0,05

O efeito do extrato da folha de *B. pinnatum* nas actividades da glutationa peroxidase nos ratos experimentais é apresentado na figura 4.5b. O resultado mostrou que os animais dos grupos C e D exibiram um aumento significativo (p<0,05) nas actividades da glutationa peroxidase em comparação com o grupo de controlo.

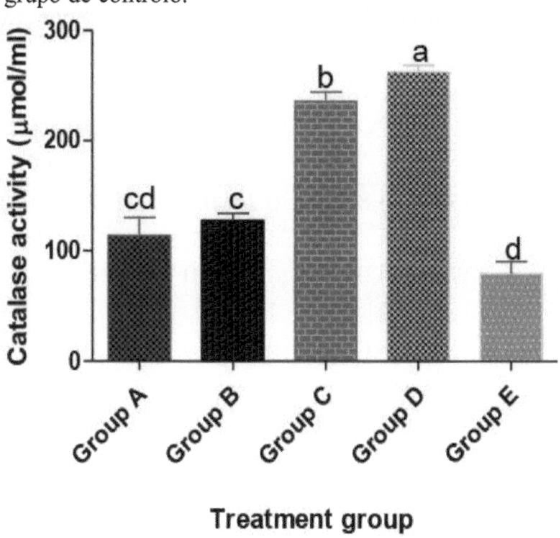

Figura 4.5c: Efeito do extrato de folhas de *B. pinnatum* na atividade da catalase

As colunas com alfabetos diferentes são significativamente diferentes a P< 0,05 A Figura 4.5c apresenta o efeito do extrato de folhas de *B. pinnatum* nas actividades da catalase nos ratos experimentais. O resultado mostrou que os animais do grupo D apresentaram um aumento significativo das actividades da catalase em comparação com o grupo de controlo.

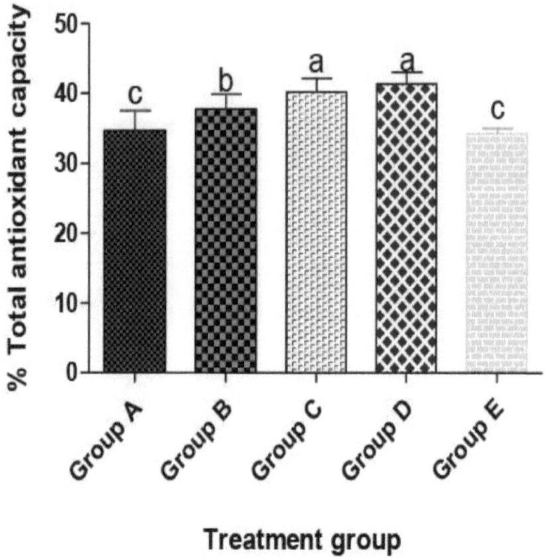

Figura 4.5d: Efeito do extrato de folhas de *B. pinnatum* na capacidade antioxidante total

As colunas com alfabetos diferentes são significativamente diferentes a P< 0,05

A Figura 4.5d apresenta o efeito do extrato de folhas de *B. pinnatum* na capacidade antioxidante total dos animais experimentais. O resultado mostrou que os animais dos grupos C e D apresentaram um aumento significativo da capacidade antioxidante total em comparação com o grupo de controlo.

Tabela 4.12: Efeito do extrato de folha de *B. pinnatum* nos parâmetros hematológicos

Tratamento grupo	TWBC (XHT9/L)	Neutro. (XHT9/L)	Lymp. (XKT9/L)	Seg. (XHT9/L)	Eos. (XHT9/L)	Bas. (XHT9/L)	PLT (XHT9/L)
Grupo A	7.95±0.28^c	4.35±0.53^c	3.80±0.42^c	0.24±0.14^a	0.04±0.01^c	0.03±0.01^b	640.33±1.53^c
Grupo B	8.60±1.15^b	4.39±0.18^d	4.00±0.59^b	0.29±0.02^c	0.06±0.02^c	0.04±0.05^a	646.67±2.89^a
Grupo C	10.35±1.41^a	4.55±0.22^d	6.01±1.30^a	0.31±0.06^b	0.14±0.07^b	0.07±0.05^a	682.67±2.08^b
Grupo D	10.49±1.28^a	5.59±2.08^a	5.31±0.53^b	0.33±0.13^a	0.39±0.19^a	0.07±0.02^b	782.67±1.15^d
Grupo E	7.63±0.28^c	3.78±0.77^b	2.57±0.40^c	0.20±0.13^a	0.02±0.01^c	0.01±0.01^b	579.00±2.65^b

Os valores são médias ± erro padrão da média. Os valores na mesma coluna com alfabeto diferente sobrescrito são significativamente diferentes a P< 0,05.

TWBC: Total de glóbulos brancos; **Neutro:** Neutrófilo; **Linf:** Linfócito; **Mon:** Monócito;

Eos: Eosinófilo; **Bas:** Basófilo; **PLT:** Plaquetas.

O efeito do extrato de folhas de *B. pinnatum* nos parâmetros hematológicos (glóbulos brancos totais, neutrófilos, linfócitos, monócitos, eosinófilos, basófilos e plaquetas) é apresentado na tabela 4.12. Verifica-se um aumento significativo (p<0,05) nos níveis de TWBC dos animais dos grupos C e D em comparação com o grupo de controlo. Os animais do grupo D apresentaram um aumento significativo do teor de neutrófilos em comparação com o grupo de controlo. O nível de linfócitos dos animais do grupo C foi o mais elevado e significativamente diferente do grupo de controlo.

Tabela 4.13: Efeito do extrato de folha de *B. pinnatum* em RBC, Hgb, PCV, MCV, MCH e MCHC

Grupo de tratamento	Hemácias (xlOH2/L)	HGB (g/L)	PCV (%)	VCM (fL)	MCH (pg)	MCHC (g/L)
Grupo A	6.97±0.01^{d}	131.33±2.08^{b}	4.23± 0.15^{a}	49.04±0.04^{b}	20.02±0.14^{b}	315.12±0.06^{e}
Grupo B	7.41±0.04^{d}	134.00± 2.00^{c}	4.33±0.04^{d}	54.22±0.12^{a}	21.12±0.18^{a}	318.02±0.09^{b}
Grupo C	7.70± 0.13^{e}	142.30± 2.52^{a}	4.69±0.10^{b}	56.28±0.02^{b}	24.22±0.06^{e}	320.16±0.18^{a}
Grupo D	7.47± 0.62^{a}	143.67± 1.15^{d}	4.93± 0.08^{e}	59.03±0.14^{a}	25.02±0.06^{e}	328.05±0.10^{b}
Grupo E	6.21±0.24^{b}	119.33±2.08^{b}	3.40± 0.07^{e}	48.00±0.00^{e}	18.23±0.04^{d}	316.00±0.04^{e}

Os valores são médias ± erro padrão da média. Os valores na mesma coluna com alfabeto diferente sobrescrito são significativamente diferentes a P< 0,05.

RBC: Glóbulos vermelhos; **HGB:** Heamoglobina; **PCV:** Volume de células compactadas; **MCV:** Volume corpuscular médio; **MCH:** Hemoglobina corpuscular média; **CHCM:** Concentração de hemoglobina corpuscular média.

O efeito do extrato de folhas de *B. pinnatum* em RBC, HGB, PCV, MCV, MCH e MCHC é apresentado na tabela 4.13. Verifica-se um aumento significativo (p<0,05) nos níveis de RBC, HGB, PCV, MCV, MCH e MCHC dos animais do grupo C em comparação com o grupo de controlo.

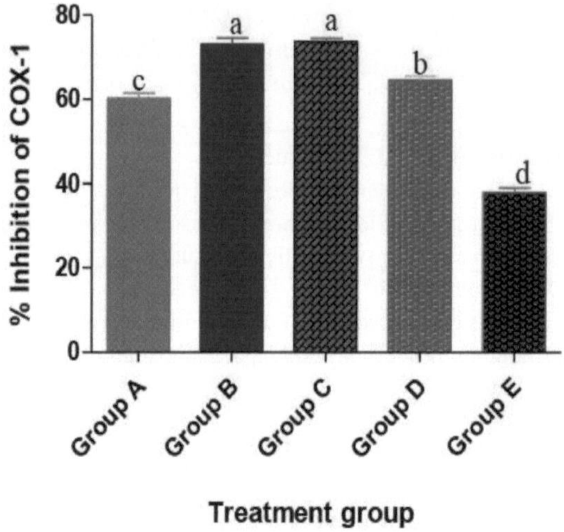

Figura 4.6: Efeito do extrato de folhas de *B. pinnatum* na atividade da ciclo-oxigenase-1
As colunas com alfabetos diferentes são significativamente diferentes a $p < 0,05$

A figura 4.6 apresenta o efeito do extrato da folha de *B. pinnatum* na atividade da ciclo-oxigenase-1 nos animais experimentais. A resposta dos animais experimentais ao tratamento foi dependente da dose (100 mg/kg, 200 mg/kg, 400 mg/kg de peso corporal). Verificou-se uma inibição significativa ($p < 0,05$) da enzima COX-1 nos animais dos grupos B e C quando comparados com o grupo de controlo.

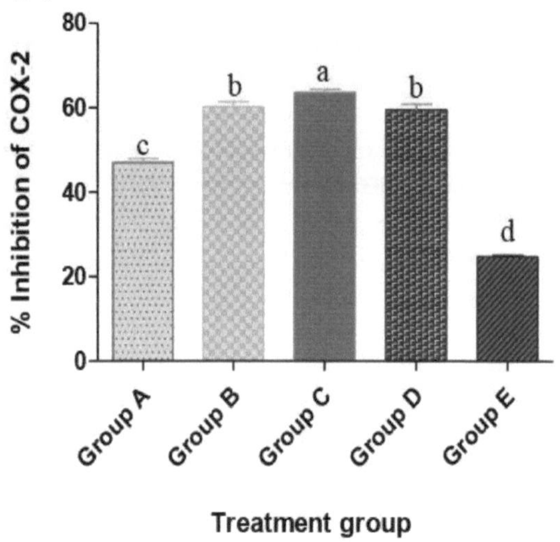

Figura 4.7: Efeito do extrato de folhas de *B. pinnatum* na atividade da ciclo-oxigenase-2
As colunas com alfabetos diferentes são significativamente diferentes a $p < 0,05$

A figura 4.7 apresenta o efeito do extrato da folha de *B. pinnatum* na atividade da ciclo-oxigenase-2 nos animais experimentais. A resposta dos animais experimentais ao tratamento foi dependente da dose (100 mg/kg, 200 mg/kg, 400 mg/kg de peso corporal). Registou-se uma inibição significativa ($p<0,05$) da enzima COX-2 nos animais do grupo C. Os grupos B e D não apresentam diferenças significativas entre si. No entanto, quando comparados com os animais do grupo E, existe uma diferença significativa.

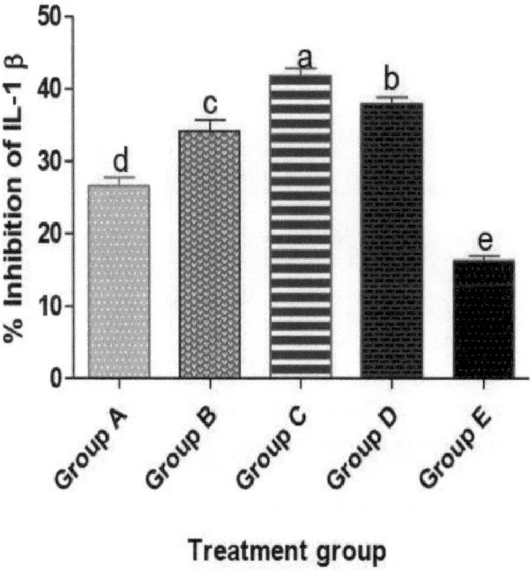

Figura 4.8: Efeito do extrato de folhas de *B. pinnatum* na Interleucina-1β
As colunas com alfabetos diferentes são significativamente diferentes a $p< 0,05$

A Figura 4.8 apresenta o efeito do extrato de folhas de *B. pinnatum* na interleucina-1β nos animais experimentais. A resposta dos animais experimentais ao tratamento foi dependente da dose (100 mg/kg, 200 mg/kg, 400 mg/kg de peso corporal). Registou-se uma inibição significativa ($p<0,05$) da Interleucina-1β em todos os grupos experimentais, com a maior inibição observada nos animais do grupo C.

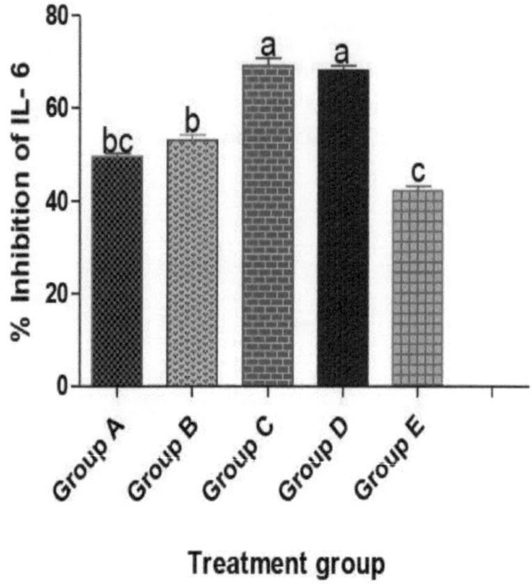

Figura 4.9: Efeito do extrato de folhas de *B. pinnatum* na Interleucina-6 *As colunas com alfabetos diferentes são significativamente diferentes a P< 0,05*

A Figura 4.9 apresenta o efeito do extrato da folha de *B. pinnatum* na atividade da interleucina-6 nos animais experimentais. A resposta dos animais experimentais ao tratamento foi dependente da dose (100 mg/kg, 200 mg/kg, 400 mg/kg de peso corporal). Registou-se uma inibição significativa ($p<0,05$) da interleucina-6 nos animais dos grupos C e D. Os grupos A e B mostraram uma ligeira diferença com diferença significativa quando comparados com os animais do grupo E.

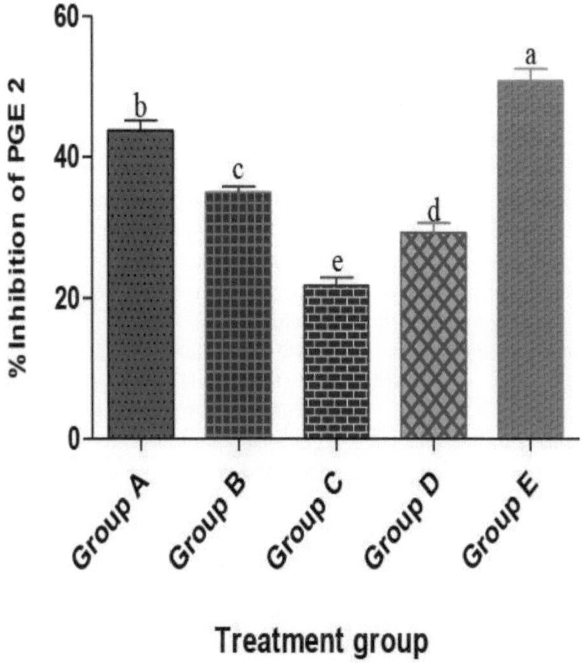

Figura 4.10: Efeito do extrato de folhas de *B. pinnatum* na Prostaglandina E2
As colunas com alfabetos diferentes são significativamente diferentes a $p < 0,05$

O efeito do extrato da folha de *B. pinnatum* na Prostaglandina E2 nos animais experimentais é apresentado na figura 4.10. A resposta dos animais experimentais ao tratamento foi dependente da dose (100 mg/kg, 200 mg/kg, 400 mg/kg de peso corporal). Não se registou uma inibição significativa da PGE2 nos animais dos grupos B e C. No entanto, os grupos A, D e E apresentaram uma diferença significativa ($p<0,05$).

CAPÍTULO 5

DISCUSSÃO, CONCLUSÃO E RECOMENDAÇÃO

5.1 Discussão

As plantas desempenham um papel importante na descoberta de novos agentes terapêuticos benéficos e têm recebido uma atenção significativa devido às suas substâncias bioactivas. As plantas têm sido invariavelmente uma fonte exemplar de medicamentos e vários medicamentos atualmente disponíveis derivam direta ou indiretamente delas.

A análise fitoquímica é muito útil na avaliação de alguns compostos biológicos activos de algumas plantas medicinais. A análise fitoquímica quantitativa das folhas de *Bryophyllum pinnatum* foi efectuada e verificou-se que o kaempferol, a esparteína, a antocianina, o oxalato, a sapogenina, a rutina, a lunamarina, a ribalinidina, o fitato, a catequina e o flavonoide estavam presentes nas amostras de plantas. O Kaempferol estava presente em quantidade apreciável (7,006 ±0,02 µg/g) (Apêndice 2 (tabela 4.1). Este facto é consistente com o relatório de Barve *et al.* (2009). O Kaempferol é um flavonol natural, sólido amarelo cristalino e altamente solúvel em etanol. É conhecido por reduzir o risco de doenças crónicas, especialmente o cancro (Chen e Chen, 2013). Foi demonstrado que aumenta a defesa antioxidante do corpo humano contra os radicais livres (Dabeek e Marra, 2019) e modula a apoptose, a angiogénese, a inflamação e a metástase (Filomeni *et al.*, 2010). O conteúdo de sapogenina (3,372 ± 0,00µg / g) (Apêndice 2 (tabela 4.1) nas amostras de plantas implica que as folhas de *Bryophyllum pinnatum* podem ajudar a diminuir os lipídios no sangue, diminuir os riscos de câncer e diminuir a resposta da glicose no sangue (Shi *et al.*, 2014). Estudos clínicos sugeriram que estes componentes promotores de saúde afectam o sistema imunitário de forma a ajudar a proteger o corpo humano contra o cancro e também a reduzir os níveis de colesterol (Lorent *et al.*, 2020). A rutina é outro composto que está presente numa quantidade apreciável (1,837± 0,01 g/g) (Apêndice 2 (Quadro 4.1). A rutina é um bioflavonoide com poderosas propriedades antioxidantes (Enogieru *et al.*, 2018). Foi demonstrado que a rutina reduz o peso corporal em 7,9% (Gao *et al.*, 2013), melhora a saúde dos olhos ao fortalecer capilares frágeis (Tasli *et al.*, 2018) e também possui efeitos anti-inflamatórios (Al-Dhabi *et al.*, 2015). Outros compostos como esparteína (0,005±0,00 g/g), Ribalinidina (0,027±0,00µg/g) e Antocianina (0,097±0,01 g/g) (Apêndice 2 (Tabela 4.1) estão presentes em quantidades mínimas.

Apesar da ampla aceitação que a fitoterapia está a ganhar nos últimos tempos, uma das principais críticas associadas à sua utilização é a ausência de avaliação científica dos seus perfis de segurança, uma vez que muitos deles se revelaram tóxicos (Yeung *et al.*, 2008). Por conseguinte, é pertinente efetuar avaliações de segurança dos produtos naturais para os quais certas utilizações medicinais foram cientificamente validadas (Saad *et al.*, 2006). A determinação da DL_{50} continua a ser uma ferramenta útil na avaliação da segurança das substâncias (Shivananda *et al.*, 2009). A ausência de morte após uma dose oral de 1600 mg/kg de peso corporal (tabela 4.2) sugere que o extrato pode ser largamente seguro por esta via. O LD_{50} obtido neste estudo foi calculado como sendo 2154 mg/kg de peso corporal (tabela 4.2). Assim, o extrato pode ser considerado seguro para fins terapêuticos com uma dose inferior a este valor (2154 mg/kg). Embora a ingestão aguda de quantidades tão elevadas como 20 g/kg de peso corporal das folhas tenha sido relatada como tóxica para o gado (Angeles-López *et al.*, 2010), a ingestão de 300 mg/kg do extrato a ratos Wistar não resultou em qualquer efeito adverso (Plangger *et al.*, 2006).

Os radicais livres são constantemente gerados nos sistemas biológicos e podem causar danos extensos nos tecidos e biomoléculas, conduzindo a várias doenças, especialmente doenças degenerativas, e lise extensiva (Jovanovic e Simic, 2000; Halliwell e Gutteridge, 1998). Muitos medicamentos sintéticos protegem contra os danos oxidativos, mas têm efeitos secundários adversos. Uma solução alternativa para o problema é o consumo de antioxidantes naturais provenientes de suplementos alimentares e de medicamentos tradicionais (Yazdanparast e Ardestani, 2007; Yazdanparast *et al.*, 2008). Os investigadores demonstraram que os fenólicos das plantas são eliminadores de radicais livres altamente eficazes e antioxidantes devido à sua capacidade de doar hidrogénio (Habila *et al.*, 2010) e, consequentemente, melhorar a saúde (Cabrera *et al.*, 2007; Hossain *et al.*, 2008; Hodek *et al.*, 2012).

A capacidade de eliminação do extrato de folhas de *B. pinnatum* no radical livre DPPH, peróxido de hidrogénio e óxido nítrico é mostrada na figura 4.1a. O resultado indicou que o extrato foi capaz de reduzir o radical DPPH estável e de cor púrpura para a forma DPPH-H de cor amarela, inibir o peróxido de hidrogénio e o óxido nítrico. O resultado mostrou um poder de eliminação dependente da dose, em que a atividade aumentou à medida que a concentração aumentou. O resultado também mostrou que, na dose de 100 mg/ml, o extrato da folha inibiu o radical DPPH em 65 %, o peróxido de hidrogénio em 68 % e o óxido nítrico em 70 %, em comparação com o medicamento padrão, a vitamina C (85 %) (figura 4.1a). Este valor é consistente com as conclusões de Daniel *et al.* (2020) e Ufelle *et al.*(2011) que relataram 60 % e 65 % para a inibição do DPPH e do peróxido de hidrogénio para o extrato de acetato de etilo das folhas de *B. pinnatum*, respetivamente.

A eliminação do peróxido de hidrogénio pelos extractos de *B. pinnatum* pode ser atribuída aos seus fenólicos, que podem doar electrões ao H2O2, neutralizando-o assim em água. Embora o peróxido de hidrogénio em si não seja muito reativo, a remoção do H2O2 é muito importante em todos os sistemas alimentares, uma vez que pode por vezes causar citotoxicidade ao dar origem a radicais hidroxilo na célula (Ufelle *et al.*, 2011). O óxido nítrico (NO) é um mediador pró-inflamatório envolvido em vários eventos fisiológicos e a sua produção é extremamente importante para a defesa do organismo. No entanto, a sua produção excessiva pode levar a danos nos tecidos e à ativação de mediadores pró-inflamatórios associados à inflamação aguda e crónica (Dzoyem *et al.*, 2016). Assim, os agentes inibidores de NO podem ser benéficos para o tratamento da resposta inflamatória. Foi evidente que os extractos mostraram capacidade de doação de hidrogénio e, por conseguinte, poderiam servir como eliminadores de radicais livres; agindo possivelmente como antioxidantes primários (Chung *et al.*, 2006).

O ensaio do poder antioxidante redutor férrico (FRAP) é utilizado para avaliar a capacidade do antioxidante natural para doar um eletrão ou hidrogénio (Boulekbache-Makhlouf e Madani, 2014). No ensaio de poder redutor, a presença de antioxidantes nas amostras resultaria na redução de Fe^{3+} a Fe^{2+} através da doação de um eletrão (Antia *et al.*, 2015). A atividade redutora férrica do extrato de folhas de *B. pinnatum* é apresentada na Figura 4.1b. O extrato apresentou um padrão de atividade dependente da concentração semelhante ao apresentado na análise DPPH. As propriedades redutoras estão geralmente associadas à presença de redutonas que demonstraram exercer uma ação antioxidante ao quebrar a cadeia de radicais livres e doar um átomo de hidrogénio. As redutonas também reagem com certos precursores de peróxido, impedindo assim a formação de peróxido (Li *et al.*, 2007). A partir do resultado obtido, pode inferir-se que o extrato estudado possui poder redutor e, por conseguinte, pode servir como doador de electrões, terminando as reacções em cadeia dos radicais. A atividade antioxidante desta planta pode dever-se à capacidade de eliminar radicais livres específicos e/ou à interação com a química redox dos iões de ferro.

A presença de *Pseudomonas aeruginosa*, *Staphylococcus aureus*, *Escherichia coli*, entre outros, em feridas é uma preocupação de saúde pública, uma vez que a sua presença pode levar a complicações graves de infecções nosocomiais se não for dada a devida atenção (Obioma *et al.*, 2017), especialmente em situações em que as feridas são deixadas abertas. Conforme ilustrado nas tabelas 4.3 a 4.9, existem inibições ligeiras a graves dos organismos de teste pelo extrato etanólico da planta. No entanto, todos os isolados foram sensíveis à ciprofloxacina. O uso extensivo deste antibiótico e de outros relacionados levou a casos relatados de plasmídeos multirresistentes e transposões encontrados em estirpes de géneros bacterianos associados a infecções nosocomiais (Vatopoulos *et al.*, 1999). No entanto, a saga multirresistente continuou a colocar problemas críticos de saúde, especialmente em aldeias remotas com poucas ou inexistentes infra-estruturas de saúde funcionais para atender à crescente população de cidadãos.

A zona mínima de inibição exibida pelo extrato corresponde ao nível de suscetibilidade do organismo testado ao extrato. Todos os organismos testados mostraram uma atividade dependente da concentração com a atividade inibitória mais elevada na concentração mais baixa (15,625 mg/ml). No entanto, *Pseudomonas aeruginosa* é o mais suscetível dos organismos testados (tabela 4.4). *A P. aeruginosa* é uma bactéria patogénica gram-negativa comum, em forma de bastonete, prototípica e multirresistente (MDR), que pode causar doenças em plantas e animais, incluindo seres humanos (Stover *et al.*, 2000). *A P. aeruginosa* infecta normalmente as vias respiratórias, o trato urinário, queimaduras e feridas, causando também outras infecções do sangue (Diekema *et al.*, 1999). Embora se encontre na flora normal da boca, da pele e dos intestinos, pode causar alterações destrutivas nos pulmões humanos e animais se for aspirada, especificamente nos alvéolos, resultando em expetoração sanguinolenta (Ryan e Ray, 2004).

Os organismos de ensaio moderadamente susceptíveis incluem: *Escherichia coli*, *Penicillum marnefei* e *Aspergillus niger* (quadros 4.3, 4.5 e 4.8). *A Escherichia coli* é uma bactéria gram-negativa, anaeróbia facultativa, em forma de bastonete, que se encontra habitualmente no intestino delgado de organismos de sangue quente (Singleton, 1999). A maioria das estirpes *de E. coli* não causa doença, mas as estirpes virulentas podem causar gastroenterite, infecções do trato urinário e meningite neonatal (Cerovic *et al.*, 2017). Também pode ser caracterizada por cólicas abdominais graves, diarreia que normalmente se torna sangrenta em 24 horas e, por vezes, febre (Cerovic *et al.*, 2017). Em casos raros, as estirpes virulentas são também responsáveis por necrose e perfuração intestinal sem progredir para síndrome hemolítico-urémico, peritonite, mastite, septicemia e pneumonia gram-negativa (Vogt e Dippold, 2005).

Os organismos ligeiramente susceptíveis incluem: *Staphylococcus aureus*(*S. aureus*) (tabela 4.7). *O Staphylococcus aureus* é uma bactéria cócica gram-positiva que pertence ao grupo das *Firmicutes* e é frequentemente encontrada no nariz, no trato respiratório e na pele. Embora *o S. aureus* actue normalmente como uma bactéria comensal, colonizando assintomaticamente cerca de 30% da população humana, pode por vezes causar doenças (Tong *et al.*, 2015). Em particular, *o S. aureus* é uma das causas mais comuns de bacteriemia e endocardite infecciosa. Além disso, pode causar várias infecções da pele e dos tecidos moles, particularmente quando as barreiras da mucosa da pele foram violadas (Tong *et al.*, 2015).

O potencial antimicrobiano do extrato da planta é provavelmente devido à presença de alcalóides e flavonóides no extrato da planta (Okwu e Josiah, 2006). Os potenciais antimicrobianos dos alcalóides e flavonóides estão bem documentados (Reddy *et al.*, 2007; Cushnie e Lamb, 2011; Manner *et al.*, 2013; Oladejo *et al.*, 2018).

A sensibilidade dos isolados testados ao extrato etanólico da planta é consistente com as conclusões de Obi e Onuoha (2000), que descreveram o etanol como o melhor solvente para a extração de substâncias bioactivas de plantas. A capacidade de o extrato ser mais eficaz em concentrações mais baixas pode provavelmente dever-se ao facto de os agentes antimicrobianos activos nas folhas serem mais solúveis em concentrações mais baixas do que em concentrações mais altas. Okwu e Josiah (2006) fizeram uma afirmação semelhante. No entanto, a sensibilidade do *P.* aeruginosato o extrato etanólico da planta é incontrastante para o estudo realizado por Faleye e Ogundaini (2012), que relataram que os *extratos de* Aspiliaafricanae obtidos usando seis solventes diferentes, não tiveram atividade sobre *P. aeruginosa*. Isto pode dever-se ao facto de os solventes utilizados no processo de extração não conseguirem extrair o agente antimicrobiano ativo contra a *P. aeruginosa*. No entanto, o potencial antimicrobiano observado do extrato racionaliza parcialmente os usos etno-medicinais da planta (*Obiomaet al.*, 2017).

O extrato etanólico das folhas de *Bryophyllum* pinnatumon, a análise GC-MS e HPLC mostrou nove e trinta e quatro picos, respetivamente, indicando a presença de diferentes compostos na planta, como se mostra nas figuras 4.2 e 4.3. A fórmula molecular, o peso molecular, o tempo de retenção e os constituintes percentuais dos compostos são apresentados nos quadros 4.10 e 4.11 para GC-MS e HPLC, respetivamente.

Verificou-se que as folhas de *Bryophyllum* pinnatum são ricas em 2-Amino-3-hidroxipiridina (34,678 %) (Figura 4.2 (Tabela 4.10). Sabe-se que a 2-Amino-3-hidroxipiridina forma complexos com vários metais de transição, inibindo assim a corrosão do alumínio e do cobre em soluções ácidas (Mudi e Ibrahim, 2008). Também sofre condensação com 2-hidroxi-1-naftaldeído e 2-hidroxibenzaldeído para formar bases de Schiffs (Yavari *et al.*, 2002), e é útil na preparação de analgésicos anti-inflamatórios clínicos (Mudiand Ibrahim, 2008). O éster de 2-bromo-2-metilo também estava presente em quantidade relativamente boa no extrato da planta (20,696 %) (Figura 4.2 (Tabela 4.10). O éster 2-bromo-2-metil é um intermediário na síntese do ácido hidroxâmico (DIMBOA) que actua como um agente antifúngico e antialgal em culturas (Macias *et al.*, 2006). É também utilizado na síntese de macroiniciador de dextrano para polimerização radicalar por transferência de átomos (ATRP) por esterificação parcial do grupo hidroxilo do polissacarídeo (Rane *et al.*, 2012). Outro composto encontrado em quantidade apreciável no extrato da planta é o ácido propanoico (13,502 %) (Figura 4.2 (Tabela 4.10). O ácido propiónico impede o crescimento de fungos e bolores, e o seu ácido e sais podem ser utilizados como agente aromatizante em alguns alimentos. O ácido propiónico tem sido utilizado no pão e em produtos de pastelaria para inibir o crescimento de bolores, e também é comummente utilizado para o mesmo fim na superfície dos queijos (Edwards, 2003). Outros compostos como o ácido pentanodioico (1,232 %) e o ácido butanodioico (2,696 %) estão presentes em quantidades mínimas.

O edema da pata traseira induzido por carragenina é o modelo experimental padrão para a inflamação aguda. A carragenina é o agente flogístico de eleição para testar fármacos anti-inflamatórios, uma vez que não se sabe se é antigénica e é desprovida de efeito sistémico aparente. Além disso, o modelo apresenta um elevado grau de reprodutibilidade. Como se pode ver nas figuras 4.4a e b, a administração de carragenina na região subplantar da pata traseira esquerda aumentou significativamente o volume da pata. No entanto, a administração

oral do extrato etanólico das folhas de *B. pinnatum* produziu um efeito inibidor significativo do edema nos ratos, reduzindo o volume da pata de forma dependente da concentração (100 mg/kg, 200 mg/kg e 400 mg/kg) de peso corporal após 30, 60 e 120 minutos, em comparação com o grupo de controlo. Como se mostra na figura 4.4a, a percentagem de inibição do edema da pata foi de 35,5 % com 400 mg/kg após 120 minutos. A dexametasona produziu uma atividade anti-inflamatória significativa (40% de inibição do edema da pata) em relação ao controlo da inflamação. Este resultado é coerente com as conclusões de Suresha *et al.* (2014) e Pandurangan *et al.* (2019), em que os autores, em estudos separados, registaram uma inibição do edema de 30,8 % e 43,37 % para a cetrizina e o extrato clorofórmico da planta *B. calycinum*, respetivamente, mas inferior à inibição do edema de 92,73 % do extrato da folha de *Hamelia patens*, relatada por Vijay Raj *et al.* (2016).
Uma vez que a indução de carragenina é caracterizada pela libertação de histamina, serotonina e cininas; e foi referido que a histamina é um composto orgânico azotado que está envolvido nas respostas imunitárias e inflamatórias locais com um papel central como mediador do prurido, enquanto a serotonina é considerada uma substância química feliz e, por conseguinte, considerada um estabilizador natural do humor, o extrato de *B. pinnatum* pode provavelmente funcionar através da supressão da libertação destas substâncias endógenas e mediadores inflamatórios para produzir uma atividade anti-inflamatória periférica.
O granuloma induzido por pellets de algodão é um modelo animal estabelecido para avaliar a atividade anti-inflamatória crónica dos medicamentos. Conforme ilustrado na figura 4.4b, a implantação de pellets de algodão nos animais experimentais causou uma inibição significativa do granuloma induzido na área incisada de uma forma dependente da dose (100 mg/kg, 200 mg/kg e 400 mg/kg) de peso corporal. As inibições percentuais da formação de granuloma foram de 42,02%, 48,76% e 58,24%, respetivamente (Apêndice 3 (Figura 4.4b). Este resultado é consistente com as descobertas de Sultana *et al.* (2019), onde os autores relataram que a inibição percentual da formação de granuloma por *Caricapapaya* foi de 49,06%, 53,35% e 62,51% a 100 mg/kg, 200 mg/kg e 400 mg/kg de peso corporal, respetivamente, bem como a inibição relatada de 39,1% do granuloma por Cetrizina, conforme documentado por Suresha *et al.* (2014).
A atividade anti-inflamatória da planta pode ser atribuída ao seu teor de flavonóides e alcalóides. Vários estudos registaram que vários extractos de plantas mostraram efeito anti-inflamatório em modelos animais e os seus efeitos foram atribuídos à presença de flavonóides, alcalóides triterpenóides, glicosídeos, taninos e esteróis (Devbhuti *et al.*, 2012; *Paviayaet al.*, 2013; Imam e Sumi, 2014; Amandeep *et al*, 2015; *Alemuet al.*, 2018) Os flavonóides e alcalóides são bem conhecidos pela sua capacidade de inibir a perceção da dor, bem como pelas propriedades anti-inflamatórias devido aos seus efeitos inibitórios sobre as enzimas envolvidas na produção do mediador químico da inflamação (*Kaushiket al.*, 2012). Os flavonóides também inibem os processos inflamatórios através da inibição das fosfodiesterases que estão envolvidas na ativação celular (*García-Lafuenteet al.*, 2009).
Na mesma linha, os flavonóides estão envolvidos na indução da secreção endógena de serotonina ou na interação com os receptores 5-HT2A e 5-HT3 envolvidos como um provável mecanismo de atividade anti-inflamatória central (*Leeet al.*, 2011). Por outro lado, vários estudos relataram que alcalóidesisolados de várias plantas mostraram efeito inibitório sobre o recrutamento de eosinófilos, produção de leucotrienos nas cavidades pleurais, bem como inibindo a produção de mediadores de óxido nítrico que resultam em efeito anti-inflamatório (*Soutoet al.*, 2011). Além disso, os polifenóis exercem as suas propriedades anti-inflamatórias

através da inibição da produção de citocinas e quimiocinas inflamatórias e da supressão da atividade da ciclo-oxigenase (COX) e da óxido nítrico sintase induzível (iNOS), diminuindo assim a produção de espécies reactivas de oxigénio e azoto (ROS/RNS) (*Santangeloet al.*, 2007). Assim, é possível que pelo menos parte da atividade anti-inflamatória demonstrada neste estudo pelos extractos hidroetanólicos de *B. pinnatum* se deva à presença destas substâncias polifenólicas.

O efeito anti-inflamatório *do* B. *pinnatum* também pode ser hipotetizado como sendo devido ao seu efeito nos neutrófilos humanos e à sua capacidade de suprimir a expressão do fator inibidor da migração dos macrófagos. Os neutrófilos libertam citocinas, incluindo IL-1, IL-6, TNF-α, interferão γ e outras. Estas citocinas pró-inflamatórias, por sua vez, induzem o fígado a sintetizar várias proteínas reactivas de fase aguda e também produzem respostas inflamatórias sistémicas como febre e leucocitose. O outro mecanismo possível de sua ação antiinflamatória pode ser possivelmente devido à inibição da bradicinina, expressão de ICAM-1 (Leurs e Chireh, 2002) e ativação de PGE2 (Tripathi, 2013).

As figuras 4.5a a d apresentam o efeito do extrato de folhas de *B. pinnatum* nas actividades da superóxido dismutase, glutationa peroxidase, catalase e antioxidante total em animais experimentais. Foi demonstrado que cerca de 2 % a 5 % do fluxo de electrões em mitocôndrias cerebrais isoladas, em condições fisiológicas normais, produzem radicais superóxido e H2O2 (Boveries e Chence, 1973). No entanto, este rácio aumenta durante as doenças relacionadas com o stress oxidativo (Kohen e Nyska, 2002). Estes radicais superóxido (o_2^{*-}) e H2O2 produzidos constantemente são eliminados, respetivamente, pela SOD, GPx e catalase (Chelikani *et al.*, 2004). A atividade mais elevada da SOD extracelular nos animais do grupo C, como é evidente na figura 4.5a, pode estar associada a um aumento da produção de o_2^{*-}, normalmente produzido por células espumosas e macrófagos nos locais inflamados (Ginnan *et al.*, 2008). Foi relatado que a atividade da SOD é regulada positivamente em resposta ao aumento de o_2^{*-} e ao stress oxidativo em geral (Yasui e Baba, 2006; Gómez-Marcos *et al.*, 2016). De acordo com Yulyana *et al.* (2016), o o_2^{*-} ativa as células endoteliais e aumenta a infiltração de neutrófilos. Assim, a inibição do o_2^{*-} pode prevenir a infiltração de neutrófilos no local do dano (Ghio *et al.*, 2002). Portanto, a SOD pode servir como um agente inibidor da inflamação mediada por neutrófilos e pode representar uma nova abordagem terapêutica para o dano tecidual dependente de ROS induzido por neutrófilos através de vários mecanismos (Porfire *et al.*, 2014).

A glutationa peroxidase representa a defesa intracelular mais importante contra a toxicidade induzida pelos radicais livres de oxigénio. Conforme mostrado na figura 4.5b, a atividade da GPx aumentou significativamente nos animais dos grupos C e D em comparação com os animais do grupo E não tratados (Apêndice 5). Este facto é consistente com os resultados de Hatai *et al.* (2017). Níveis depletados de GPx em pacientes com artrite reumatoide e osteoartrite foram observados em estudos anteriores (Aryaeian *et al.*, 2011; Bhattacharya *et al.*, 2012), esclarecendo seu papel na proteção dos condrócitos contra o aumento do estresse oxidativo. A redução significativa da atividade da GPx nos animais do grupo E não tratados, quando comparados com os grupos tratados, pode ser explicada pela redução da glutationa (GSH) normalmente associada a doentes com osteoartrite, uma vez que a GSH é um substrato e um cofator da GSH-Px. Além disso, níveis mais baixos de GSH resultam numa menor atividade da GPx, o que, por sua vez, pode aumentar a vulnerabilidade ao stress oxidativo. Além disso, a redução da atividade da glutationa peroxidada nos animais do grupo E não tratados pode também ser causada pelo processo de inativação da enzima. A própria enzima pode ficar inativa em condições de stress oxidativo intenso, o que contribui para uma baixa atividade da GPx (Aryaeian *et al.*, 2011).

A catalase (CAT) é outra enzima antioxidante que catalisa a decomposição do peróxido de hidrogénio em água e oxigénio, actuando assim sobre o produto da reação catalisada pela SOD (Chelikani *et al.*, 2004). É, portanto, regulada em alta juntamente com a SOD em estados de stress oxidativo. Como é evidente na Figura 4.5c, há um aumento significativo na atividade da catalase dos grupos tratados quando comparados com o grupo não tratado (Anexo 6). Este facto é consistente com o relato de que a expressão do gene da catalase aumenta durante o início e o desenvolvimento de doenças, de modo a contribuir para o retardamento da progressão da doença (Lin *et al.*, 2007; Gil *et al.*, 2017). Também foi demonstrado que, na fase inicial da inflamação, a atividade da catalase é incrementada em resposta a estímulos oxidantes mediados por espécies reactivas de oxigénio, como o H2O2 (Circu e Aw, 2008). O aumento da atividade da catalase nos grupos tratados pode estar relacionado com a sua capacidade de regular o nível celular de peróxido de hidrogénio (Liu *et al.*, 2010), o que, consequentemente, protege as células do ataque oxidativo.

As avaliações dos parâmetros hematológicos são um guia útil para determinar o efeito de substâncias estranhas, incluindo extractos de plantas, num sistema biológico. São usadas para determinar possíveis alterações nos níveis de biomoléculas, tais como enzimas, produtos metabólicos, hematologia, funcionamento normal e histopatologia dos órgãos (Magalhães *et al.*, 2008; *Oyedemi et al.*, 2011). As Tabelas 4.12 e 4.13 mostram o efeito do extrato da folha de *B. pinnatum* nos parâmetros hematológicos. Como é evidente na tabela 4.12, há um aumento significativo ($p<0,05$) de uma forma dependente da dose nos glóbulos brancos totais (TWBC), neutrófilos, linfócitos, monócitos, eosinófilos, basófilos e plaquetas dos grupos tratados quando comparados com o grupo de controlo. Este resultado está de acordo com os resultados de Nwankpa *et al.* (2017) e também apoia a observação feita por Ahumibe e Braide (2009), que sugeriram que o aumento dos glóbulos brancos ajuda a estimular a citocina eritropoietina. O extrato de *B. pinnatum* pode plausivelmente estimular a citocina eritropoietina para estimular a síntese de células sanguíneas. Os leucócitos e os seus diferenciais (linfócitos e neutrófilos) e outros parâmetros hematológicos são índices mensuráveis do sangue, que podem ser utilizados para avaliar a função hematopoiética (Aprioku e Obianime, 2014). Os leucócitos são essenciais para a proteção do animal contra invasores estranhos. Os neutrófilos são células fagocíticas importantes, normalmente elevadas no início da resposta inflamatória (*Zhanget al.*, 2010), enquanto os linfócitos são subtipos de leucócitos criticamente essenciais para proporcionar imunidade mediada por células.

Da mesma forma, foi observado um aumento significativo ($p<0,05$) em RBC, Hgb, PCV, MCV, MCH e MCHC nos grupos tratados em comparação com o controlo (tabela 4.13). O resultado deste estudo é semelhante ao relatório de Esenowo *et al.* (2010) e Okon *et al.* (2013) em seus estudos separados. Embora o resultado de RBC, Hgb e PCV neste estudo esteja de acordo com as conclusões de Ogbonnia *et al* (2012) e Nwankpa *et al.* (2017), o resultado da concentração de MCV que mostrou um ligeiro aumento na administração do extrato de folhas de *B. pinnatum* está em contraste com o resultado deste estudo.

Esta condição hematopoiética pode dever-se a diferentes mecanismos que incluem o aumento da taxa de síntese de células sanguíneas e/ou a diminuição da taxa de destruição de células sanguíneas. Qualquer um dos dois mecanismos pode ter sido responsável pelo aumento dos índices de glóbulos vermelhos. O extrato da planta pode ter o potencial de estimular a libertação de eritropoietina que, consequentemente, aumenta a síntese de glóbulos vermelhos

(Mbaka *et al.*, 2010) e ou ajudar a combater infecções e invasões microbianas (Okon *et al.*, 2013) que destroem as células sanguíneas, o que pode culminar no aumento dos glóbulos vermelhos, tal como observado neste estudo.

O papel da inflamação no desenvolvimento e na progressão das doenças crónicas é motivo de grande preocupação científica e de saúde pública, tendo sido alvo de grande atenção nos últimos tempos. Vários trabalhos de investigação excelentes descreveram os prováveis papéis celulares e moleculares da inflamação no desenvolvimento de doenças crónicas (Allavena *et al.*, 2008; Rakoff-Nahoum e Medzhitov, 2009; Schetter *et al.*, 2010) e delinearam as associações consistentes entre condições inflamatórias crónicas (Parikh-Patel *et al.*, 2009; Brenner *et al.*, 2011) e factores de risco indutores de inflamação no desenvolvimento de doenças crónicas em vários locais. medida que o peso das doenças crónicas aumenta a nível mundial (Bray *et al.*, 2012), aumenta também o valor da identificação de alvos terapêuticos. O papel da inflamação nas doenças crónicas requer investigação adicional para clarificar os mediadores, as vias e as etapas através das quais a inflamação aumentada ou alterada conduz ao desenvolvimento ou à progressão neoplásica. As figuras 4.6 a 4.10 apresentam o efeito do extrato de folhas de *B. pinnatum* em alguns biomarcadores inflamatórios. Conforme ilustrado nas figuras 4.6 e 7, o efeito inibitório da ciclo-oxigenase 1 e 2 foi significativamente aumentado ($p<0,05$) nos grupos tratados em comparação com o grupo de controlo de uma forma dependente da dose (100 mg/kg, 200 mg/kg, 400 mg/kg) (Apêndice 7 e 8). Este resultado é consistente com as descobertas de Caiazzo *et al.* (2016) e Elisabetta *et al.* (2019) que relataram 65% e 70% de inibição para o extrato de etilacetato e metanol da folha de *B. pinnatum* em seus estudos separados. Esta é uma observação importante , uma vez que os inibidores da ciclooxigenase (COX) estão entre os medicamentos mais utilizados no mundo pelas suas propriedades anti-inflamatórias e analgésicas (Khan *et al.*, 2019). A COX-1 é a enzima que catalisa o passo fundamental na conversão do araquidonato em prostaglandina H2 (PGH-2), o substrato imediato de todas as prostaglandinas e tromboxanos sintases específicas. A COX-1 expressa constitutivamente está presente nas células em condições fisiológicas e produz substâncias protectoras para o estômago e o rim (Ricciotti e FitzGerald, 2011). O declínio da atividade observado neste estudo indica uma diminuição da produção de mediadores pró-inflamatórios (Takeuchi e Amagase, 2017). A COX-1 é responsável pela produção de prostanóides que mantêm o fluxo sanguíneo da mucosa e promovem a secreção mucosa (Takeuchi e Amagase, 2017). A sua ativação leva à produção de prostaciclina que, quando libertada pelo endotélio vascular, é anti-trombogénica (Yau *et al.*, 2015) e, quando libertada pela mucosa gástrica, é citoprotectora (Yau *et al.*, 2015).

Como representado na figura 4.7, o efeito inibitório do extrato sobre a ciclooxigenase 2 foi aumentado ($p<0,05$) em animais tratados com extrato. Este resultado é consistente com as descobertas de Caiazzo *et al.* (2016) e Elisabetta *et al.* (2019). A COX-2 é a enzima responsável pela produção de mediadores inflamatórios - prostaglandina (PG) e seus metabólitos, ou seja, PGE-2, PGF-2e PGD-2. É produzida pelos macrófagos e induzida pelo fator de necrose tumoral (TNF) e pelo fator de crescimento epidérmico (EGF). A COX-2 é também conhecida como prostaglandina-endoperoxidase sintase e pertence a uma família de isoenzimas responsáveis pela formação de prostanóides, incluindo o tromboxano e a prostaglandina, como a prostaciclina, a partir do ácido araquidónico. Está descrito que a COX-2 é capaz de modular a proliferação celular e a apoptose em tumores sólidos, como o cancro colorrectal, da mama e da próstata (Sobolewski *et al.*, 2010).

O efeito inibitório do extrato sobre a interleucina -1β (IL-1ß) é apresentado na figura 4.8. A interleucina (IL-Iβ) é um importante mediador da resposta inflamatória e está envolvida em uma variedade de atividades celulares, incluindo proliferação celular, diferenciação e apoptose (de-Koning-Ward *et al.*, 2015). Eles foram relatados como um potente indutor de COX-1 e TNF-α e produz anticorpos altamente eficazes, mas sua fisiopatologia ainda não é bem conhecida (de-Koning-Ward *et al.*, 2015).

Da mesma forma, a figura 4.9 apresenta a capacidade do extrato de inibir a interleucina 6 (IL-6). A interleucina 6 está envolvida em várias funções fisiológicas, incluindo o neurodesenvolvimento, a hematopoiese, o metabolismo ósseo e a imunidade (Mojsilovi *et al.*, 2015) e está implicada em muitas doenças inflamatórias, como a asma, a artrite, a osteoporose, a diabetes e o cancro (Song e Qian, 2013). A IL-6 é uma citocina multifuncional que desempenha um papel na defesa do hospedeiro e nas reacções imunitárias (Krstic *et al.*, 2012). O aumento do nível de IL-6 foi relatado em várias condições patológicas, como infeção (bactérias e vírus), doenças imunológicas e inflamação (Narazaki e Kishimoto, 2018). Por conseguinte, a regulação da IL-6 pode ser eficaz contra várias doenças (Hunter e Jones, 2015).

Outro biomarcador inflamatório distinto que é digno de nota é a prostaglandina E-2 (PGE-2). Hui *et al.* (2010) relataram resultados semelhantes em ratos aterogénicos. A PGE-2 é um grupo de compostos lipídicos fisiologicamente activos, denominado dinoprostona, que tem diversos efeitos semelhantes a hormonas em animais. É libertada pelas paredes dos vasos sanguíneos em resposta a uma infeção ou inflamação que induzem febre e participa numa vasta gama de funções corporais, como a contração e o relaxamento do músculo liso, a dilatação e a constrição dos vasos sanguíneos, o controlo da pressão arterial e a modulação da inflamação (de-Koning-Ward *et al.*, 2015). Encontra-se normalmente em quase todos os tecidos dos seres humanos e de outros animais; e é derivado enzimaticamente do ácido gordo - ácido araquidónico.

5.2 Conclusão

As observações do presente estudo revelaram uma semelhança na fitoquímica da planta em comparação com os relatórios da literatura. Isto indica uma diferença intra-espécies insignificante dentro das espécies de plantas de diferentes fontes. O estudo antioxidante mostrou que a planta apresentou uma inibição significativa dos radicais livres e exibiu propriedades *antioxidantes* consideráveis *in* vivo (SOD, GPx, CAT e TAC) que são benéficas na terapia de muitas doenças, incluindo asma, malária, diabetes, alergia, inflamação, stress oxidativo, diarreia, cancro, etc. A análise GC-MS e HPLC do extrato da planta revelou compostos bioactivos farmaceuticamente significativos que poderiam ajudar a melhorar várias doenças crónicas.

O extrato da planta também mostrou inibições notáveis de microrganismos clinicamente significativos, incluindo os implicados em infecções dos pulmões, do trato urinário, da pele, do sangue e de feridas; gastroenterite; meningite neonatal, cólicas abdominais; diarreia; necrose intestinal e pneumonia gramnegativa. O potencial antimicrobiano do extrato da planta é atribuído à presença de metabolitos secundários farmaceuticamente importantes na planta.

A planta mostrou uma inibição significativa do edema da pata e inibição do granuloma induzido em relação à inflamação. O efeito anti-inflamatório *do* extrato de folhas de B. *pinnatum* pode ser devido aos muitos compostos identificados, como revelado pelo perfil GC-MS e HPLC. O estudo antioxidante mostrou que a planta exibiu propriedades antioxidantes consideráveis *in vivo* (SOD, GPx, CAT e TAC) que são benéficas na terapia de muitas doenças; incluindo asma, malária, diabetes, alergia, inflamação, stress oxidativo, diarreia, cancro e assim por diante. O resultado dos parâmetros hematológicos demonstrou que o extrato é capaz de estimular a formação de células sanguíneas e atuar como agente fagocítico ativo contra compostos estranhos. O extrato da planta causou uma inibição significativa dos biomarcadores inflamatórios (ciclo-oxigenases 1 e 2, interleucinas 1β e 6, bem como prostaglandina E-2) de uma forma dependente da dose. Isto pode ser atribuído a muitos compostos bioactivos presentes no extrato que podem ser sintetizados para produzir um novo produto à base de plantas para combater doenças inflamatórias com menos efeitos secundários.

5.3 Recomendação

A partir dos resultados do presente estudo, *a B. pinnatum* pode ser recomendada como segura para consumo e deve ser encorajada para a gestão e tratamento de várias condições de doença, especialmente inflamação. Embora o extrato da planta demonstre actividades anti-inflamatórias consideráveis através da inibição de biomarcadores inflamatórios como a ciclo-oxigenase 1 e 2, as interleucinas 1β e 6, bem como a prostaglandina E2 como o seu possível mecanismo de ação, são ainda necessários esforços de investigação para selecionar um composto puro a partir do extrato.

REFERÊNCIAS

Abdolshahi, A., Naybandi-Atashi, S., Heydari-Majd, M., Salehi, B., Kobarfard, F., Ayatollahi, S.A., Ata, A., Tabanelli, G., Sharifi-Rad, M. e Montanari, C. (2018). Atividade antibacteriana de algumas espécies de Lamiaceae contra *Staphylococcus aureus* em bebida à base de iogurte (Doogh). *Biologia Celular e Molecular, 64: 71-77.*

Addass, P. A., David, D. L., Edward, A., Zira, K. E., e Midau, A. (2012). Effect of Age, Sex and Management System on Some Haematological Parameters of Intensively and Semi-Intensively Kept Chicken in Mubi, Adamawa State, Nigeria. *Jornal Iraniano de Ciência Animal Aplicada, 2*(3): 277-282.

Adegbola, P., Aderibigbe, I., Hammed, W. e Omotayo, T. (2017). As plantas medicinais antioxidantes e anti-inflamatórias têm um papel potencial no tratamento de doenças cardiovasculares: Uma revisão. *Jornal Americano de Doenças Cardiovasculares, 7*(2): 19-32.

Aditya, S. R. K., Ano, D. V. R. e Kumar, R. (2017). Um estudo de revisão sobre a medicina tradicional na cura das pedras nos rins. *Revista Internacional de Ciências Médicas Aliadas e Pesquisa Clínica, 5*(3): 712-715.

Adwas, A. A., Elsayed, A. S. I. e Azab, A.E. (2019). Stress oxidativo e mecanismos antioxidantes no corpo humano. *Jornal de Biotecnologia Aplicada e Bioengenharia*, **6**(1):43-47.

Afolabi, K. D., Akinsoyinu, A. O., Olajide, R. e Akinleye, S. B. (2010). Parâmetros hematológicos dos frangos de criação local nigerianos alimentados com diferentes níveis de bagaço de palmiste na dieta. *Actas da 35.ª Conferência Anual da Sociedade Nigeriana de Produção Animal*, p. 247.

Afzal, M., Gupta, G., Kazmi, I., Rahman, M., Afzal, O., Alam, J., Hakeem, M. P. e Gupta, R. (2012). Potencial anti-inflamatório e analgésico de um novo derivado esteroidal de *Bryophyllum pinnatum. British Journal of Applied Animal Science*, **83**(5): 853-858.

Agarwal, A. e Allamaneni, S. S. (2004). Role of free radicals in female reproductive diseases and assisted reproduction (Papel dos radicais livres nas doenças reprodutivas femininas e na reprodução assistida). *Reproductive BioMedicine Online,* **9**(3):338-347.

Aggarwal, B. B., Vijayalekshmi, R. V. e Sung, B. (2009). Targeting inflammatory pathways for prevention and therapy of cancer: short- term friend, long-term foe. *Clinical Cancer Research*, **15**(2): 425-430.

Ahmad, R. e Ahsan, H. (2014). Papel do peroxinitrito, um radical livre de nitrogênio na etiopatogenia do lúpus eritematoso sistêmico. *Clinical and Experimental Medicine*, **14**(1):1-11.

Ahumibe, A. A. e Braide, V. B. (2009). Efeito do tratamento por gavagem com sementes *de Garcina kola* pulverizadas na integridade da membrana eritrocitária e em índices hematológicos selecionados em ratos wistar albinos machos. *Jornal Nigeriano de Ciências Fisiológicas,* **24**: 47-52.

Akira, S., Uematsu, S. e Takeuchi, O. (2006). Reconhecimento de agentes patogénicos e imunidade inata. *Cell*, **124**(4): 783-801.

Alberts-Grill, N., Timothy, L. D., Rezvan, A. e Jo, H. (2013). O papel da rede de células dendríticas vasculares na aterosclerose. *American Journal of Physics*, 305: C1-C21.

Al-Dhabi, N. A., Arasu, M. V., Park, C. H. e Park, S. U. (2015). Uma revisão actualizada da Rutina e das suas actividades biológicas e farmacológicas. *EXCLI Journal*, **14**:59-63.

Aleksandra, S., David, L., Zee, U. e Chen, F. (2019). Cura de feridas e o uso de plantas medicinais. *Medicina complementar e alternativa baseada em evidências*, Artigo ID 2684108.

Alemu, A., Tamiru, W., Nedi, T. e Shibeshi, W. (2018). Efeitos analgésicos e anti-inflamatórios do extrato de metanol a 80% das folhas de *Leonotis ocymifolia* (Burm. f.) Iwarsson em modelos de roedores. *Medicina Complementar e Alternativa Baseada em Evidências*, **16**(1):47 53.

Allavena, P., Garlanda, C., Borrello, M. G., Sica, A. e Mantovani, A. (2008). Pathways connecting inflammation and cancer. *Current Opinion in Genetics and Development,* **18**:3-10.

Amandeep, K., Pandurangan, A. e Diksha, S. (2015). Atividade antiinflamatória e analgésica de extratos de etanol, clorofórmio e n-hexano de *Bryophyllum calycinum. Boletim Internacional de Pesquisa de Drogas*, **5**(8): 51-63.

Angeles-López, G., Pérez-Vásquez, A., Hernández-Luis, F., Déciga-Campos, M. e Bye, R. (2010). Efeito antinociceptivo de extractos e compostos de *Bryophyllum pinnatum. Journal of Ethnopharmacology*, **131**: 425-432.

Anibijuwon, I. I. Oladejo, B. O. Adetitun, D. O. e Kolawole, O. M. (2012). Actividades antimicrobianas de *Vernonia amygdalina* contra micróbios orais. *Jornal Global de Farmacologia,* **6** (3): 178-185.

Anosike, C. A., Mokwunye, S. U., Okpashi, V. E. e Abonyi, O. (2017). Efeitos modulatórios do extrato de folhas de *Bryophyllum pinnatum* nos índices de peroxidação da hepatotoxicidade induzida por CCl4 em ratos Wistar Albino. *Jornal Americano de Farmacologia e Toxicologia*, **1**(1):1-7.

Antia, B. S., Essien, E. E. e Udoh, B. I. (2015). Capacidade antioxidante de fenólicos de extractos de sementes de *Lagenaria siceraria* (cabaça de garrafa híbrida curta). *Jornal Europeu de Plantas Medicinais*, **25**:1-9.

Antunes, F., Han, D. e Cadenas, E. (2012). Contribuições relativas da glutationa peroxidase e catalase da mitocôndria do coração para desintoxicação de H2O2 in *vivo* condições. *Free* Radical *Biology and Medicine*, **33**:1260-1267.

Aprioku, J. S. e Igbe, I. (2017). Efeitos do extrato aquoso da folha de *Bryophyllum pinnatum* nos índices hematológicos, renais e espermáticos em ratos Wistar. *Jornal Indiano de Ciências Farmacêuticas*, **79**(4):521-526.

Aprioku, J. S. e Obianime, A. W. (2014). Avaliação dos efeitos do sumo *de Citrus aurantifolia* (lima) nas toxicidades hematológicas e testiculares induzidas pelo chumbo em ratos. *Pharmacologia*, **5**:36-41.

Arfè, A., Scotti, L., Varas-Lorenzo, C., Nicotra, F., Zambon, A. e Koll-horst, B. (2016). Anti-inflamatórios não esteróides e risco de insuficiência cardíaca em quatro países europeus: estudo de caso-controlo aninhado. *British Medical Journal*, **354**: i4857

Arleevskaya, M. I., Gabdoulkhakova, A. G., Filina, Y. V., Miftakhova, R. R., Bredberg, A. e Tsybulkin, A. P. (2014). Um pico transitório de infecções durante o início da artrite reumatoide: um estudo de coorte prospetivo de 10 anos. *BMJOpen,* **4**: e005254.

Arleevskaya, M. I., Kravtsova, O. A., Lemerle, J., Renaudineau, Y. e Tsibulkin, A. P. (2016). Como a artrite reumatoide pode resultar da provocação do sistema imunitário por microorganismos e vírus. *Frontiers in Microbiology*, **7**:1296.

Arumugam, G., Manjula, P. e Paari, N. (2013). Uma revisão: Plantas medicinais anti-diabéticas usadas para diabetes mellitus. *Jornal de Doenças Agudas*, **2**:196-200.

Aryaeian, N., Djalai, M. e Shahram, S. (2011). Beta-caroteno, vitamina E, MDA, glutationa redutase e níveis de atividade da arilesterase em doentes com artrite reumatoide ativa, *Iranian*

Journal of Public Health, **40**(2):102-9.

Avorn, J. (2007). Manter a ciência no topo da avaliação de medicamentos. *New England Journal of Medicine*,
357: 633-5.

Ayroldi, E., Cannarile, L., Migliorati, G., Nocentini, G., Delfino, D. V. e Riccardi, C. (2012). Mecanismos dos efeitos anti-inflamatórios dos gluco-corticóides: Interferência genómica e não genómica nas vias de sinalização MAPK. *Jornal da Federação das Sociedades Americanas de Biologia Experimental*, **26**(12): 4805-20.

Babuponnusami, A. e Muthukumar, K. (2014). Uma revisão sobre Fenton e melhorias no processo Fenton para o tratamento de águas residuais. *Jornal de Engenharia Química Ambiental*, **2**:557-572.

Bafana, A., Dutt, S., Kumar, A., Kumar, S. e Ahuja, P. S. (2011). Os aspectos básicos e aplicados da superóxido dismutase. *Journal of MolecularCatalysis Enzymatic*, **68**:129-38.

Bamishaiye, E. I., Muhammad, N.O., e Bamishaiye, O.M. (2009). Parâmetros hematológicos de ratos albinos alimentados com uma dieta à base de farinha de óleo de tubérculo de noz de tigre (*Cyperus esculentus*). *Jornal Internacional de Nutrição e Bem-Estar*, **10**(1): 201-211.

Bartle, K. D. e Myers, P. (2002). History of gas chromatography (História da cromatografia gasosa). *Trends in Analytical Chemistry*,**21**(9): 547-557.

Barve, A., Chen, C., Hebbar, V., Desiderio, J., Saw, C.L. e Kong, A.N. (2009). Metabolismo, biodisponibilidade oral e farmacocinética do quimiopreventivo kaempferol em ratos. *Biofarmacêutica e Disposição de Medicamentos*, **30**(7): 356-365.

Basu, J., Avila, R. e Ricciardi, R. (2016). Taxas de readmissão hospitalar nos estados dos EUA: As readmissões são mais elevadas nos locais onde se agrupam mais doentes com múltiplas doenças crónicas? *Health Services Research*, **51**:1135-1151.

Bautista, L. E., Vera, L. M., Arenas, I. A. e Gamarra, G. (2005). Associação independente entre marcadores inflamatórios (proteína C-reactiva, interleucina-6 e TNF-alfa) e hipertensão essencial. *Journal of Human Hypertension*,**19**:149-154.

Berg, J. M., Tymoczko, J. L. e Stryer, L. (2002). Biochemistry. 5a ed., Freeman WH and Co. Freeman WH and Co, Nova Iorque. p. 205-206.

Bermas, B. L. (2014). Anti-inflamatórios não esteroides, glicocorticoides e medicamentos anti-reumáticos modificadores da doença para o manejo da artrite reumatoide antes e durante a gravidez. *Opinião Atual em Reumatologia*, **26**(3): 334-40.

Bhattacharya, I., Saxena, R. e Gupta, V. (2012). Eficácia da vitamina E no tratamento da osteoartrite do joelho da população geriátrica do norte da Índia. *Avanços terapêuticos em doenças músculo-esqueléticas*, **4**(1): 11-9.

Bian, K., Doursout, M. F. e Murad, F. (2008). Sistema vascular: papel do óxido nítrico nas doenças cardiovasculares. *Journal of Clinical Hypertension* ,**10**(4):304-10.

Bonilla, I.M., Sridhar, A., Györke, S., Cardounel, A.J. e Arnes, C.A. (2012). Óxido nítrico sintases e fibrilação atrial. *Frontiers in Physiology*,**3**: 105.

Bouayed, J. e Bohn, T. (2010). Exogenous antioxidants-double-edged swords in cellular redoc state: health beneficial effects at physiologic doses versus deleterious effects at high doses. *Oxidative Medicine and Cellular Longevity*,**3**(4):228-237.

Boulekbache-Makhlouf, L. e Madani, K. (2014). Capacidade antioxidante de extratos brutos e suas frações de solventes de Lamiaceae argelinas selecionadas. *Industrial Crops and Products*, **1**(52):177-82.

Boveries, A. e Chence, B. (1973). The mitochondrial generation of hydrogen peroxide.

Biochemistry Journal,**134**:707-716.

Brand-Williams, W., Cuvelier, M. E. e Berset, C. L. (1995). Utilização de um método de radicais livres para avaliar a atividade antioxidante. *Ciência e Tecnologia Alimentar*, **28**(1):25-30.

Bray, F., Jemal, A., Grey, N., Ferlay, J. e Forman, D. (2012). Transições globais do cancro de acordo com o Índice de Desenvolvimento Humano (2008-2030): um estudo de base populacional. *Lancet Oncology*,**13**:790-801.

Brenner, D. R., McLaughlin, J. R. e Hung, R. J. (2011). Doenças pulmonares anteriores e risco de cancro do pulmão: uma revisão sistemática e meta-análise. *PLoS One*.

Buttorff, C., Ruder, T. e Bauman, M. (2018). Multiple Chronic Conditions in the United States [Múltiplas doenças crónicas nos Estados Unidos]. Disponível online:https://www.rand.org/pubs/tools/TL221 .html.

Cabrera, M., Simoens, M., Falchi, G., Lavaggi, M. L., Piro, O. E. e Castellano, E. E. (2007). Chalconas, flavanonas e flavonas sintéticas como agentes antitumorais: avaliação biológica e relações estrutura-atividade. *Bioorganic and Medicinal Chemistry*,**15**: 3356-3367.

Caiazzo, E., Maione, F., Morello, S., Lapucci, A., Paccosi, S., Steckel, B., Lavecchia, A., Parenti, A., Iuvone, T., Schrader, J., Ialenti, A. e Cicala, C. (2016). A sinalização da adenosina medeia os efeitos anti-inflamatórios do inibidor da COX-2 nimesulida. *Farmacologia Bioquímica*, **112**: 72-81.

Campisi, L., Barbet, G., Ding, Y., Esplugues, E., Flavell, R. A., e Blander, J. M. (2016). A apoptose em resposta à infeção microbiana induz células TH17 autorreativas. *Nature Immunology*, **17**: 1084-1092.

Cantu-Medellin, N. e Kelley, E. E. (2013). Geração de espécies reativas catalisada por xantina oxidoredutase: um processo em necessidade crítica de reavaliação. *Redox Biology,***1**(1):353-358.

Carocho, M. e Ferreira, I. C. F. R. (2013). Uma Revisão sobre Antioxidantes, Prooxidantes e Controvérsias Relacionadas: Compostos naturais e sintéticos. Metodologias de rastreio e análise e perspectivas futuras. *Food and Chemical Toxicology*,**51**: 15-25.

Carrero, J. J., Yilmaz, M. I., Lindholm, B. e Stenvinkel, P. (2008). Desregulação das citocinas na doença renal crónica: Como é que a podemos tratar? *Blood Purification* ,**26**:291-299.

Centros de Controlo de Doenças. (CDC) (2017). Doenças crónicas e o desafio da saúde pública no século XXI. Disponível online: www.cdc.gov/chronicdisease/pdf/2009-Power-of Prevention.pdf.

Cerovic, M., Belotserkovskiy, M. e Riefler, J. (2017). *E. coli* em infecções do trato urinário de 2000-2016. *Jornal de Estudos Clínicos*,**3**:1-8.

Chakraborty, P., Kumar, S., Dutta, D. e Gupta, V. (2009). Role of antioxidants in common health diseases. *Research Journal of Pharmacy and Technology,* **2**(2):238-244.

Chelikani, P., Fita, I. e Loewen, P. C. (2004). Diversidade de estruturas e propriedades entre catalases. *Cellular and Molecular Life Sciences*, **61**(2): 192-208.

Chen, A.Y. e Chen, Y.C. (2013). Uma revisão do flavonoide dietético, kaempferol, na saúde humana e na quimioprevenção do cancro. *Food Chemistry*,**138**(4): 2099-2107.

Chen, X., Andresen, B.T. e Zhang, C. (2008). Papel das espécies reactivas de oxigénio na disfunção endotelial induzida pelo fator de necrose tumoral alfa. *Current Hypertension Reviews*, **4**(4):245-255.

Chineke, C. A., Ologun, A. G. e Ikeobi, C. O. N. (2006). Parâmetros hematológicos em raças e cruzamentos de coelhos nos trópicos húmidos. *Pakistan Journal of Biological Sciences*,

9(11): 2102-2106.
Chitra, M., Mathangi, D.C., Pricilla, J. e Prema, S. (2015). Stress oxidativo materno e defesa antioxidante durante o trabalho de parto. *Jornal de Ciências Médicas e Dentárias,* **14**(4): 10 15.
Chung, Y. C., Chien, C. T., Teng, K. Y. e Chou, S. T. (2006). Propriedades antioxidantes e mutagénicas de *Zanthoxylum ailanthoides*. *Food Chemistry*,**97**(3):418-25.
Cieslak, T. J. e Rajnik, M. (2005). A apresentação fetal em culatra predispõe ao desenvolvimento subsequente de artrite séptica da anca. *Pediatric Infectious Disease Journal, 24: 650.*
Cipolla, G., Crema, F., Sacco, S., Moro, E., de Ponti, F. e Frigo, G. (2012). Medicamentos anti-inflamatórios não esteróides e doença inflamatória intestinal: Perspectivas actuais. *Pharmacological Research*,*46*: 1-6.
Circu, M. L. e Aw, T. Y. (2008). Glutationa e apoptose. Free *Radical Research*,*42*(8): 689-706.
Collin, F. (2019). Base química da reatividade das espécies reativas de oxigênio e envolvimento em doenças neurodegenerativas. *Revista Internacional de Ciências Moleculares*,*20*(2): 1-17.
Comlossy, M. (2013). Prevenção e gestão das doenças crónicas. Conferência Nacional das Legislaturas Estaduais; Denver, CO, EUA.
Cooksey, R., Brophy, S., Kennedy, J., Gutierrez, F. F., Pickles, T., Davies, R., Piguet, V. e Choy E. (2018). Os fatores de risco cardiovascular que predizem eventos cardíacos são diferentes em pacientes com artrite reumatoide, artrite psoriática e psoríase. *Seminários em Artrite e Reumatismo* ,**48**:367-373.
Cushnie, T. P. e Lamb, A. J. (2011). Avanços recentes na compreensão das propriedades antibacterianas dos flavonóides. *Jornal Internacional de Agentes Antimicrobianos,* **38**(2): 99-107.
Czaja, A. J. (2014). Inflamação hepática e fibrose hepática progressiva na doença hepática crónica. *Jornal Mundial de Gastroenterologia*, **20**:2515-2532.
Dabeek, W.M. e Marra, M.V. (2019). Quercetina e Kaempferol dietéticos: biodisponibilidade e potencial bioatividade relacionada ao cardiovascular em humanos. *Nutrientes*,**11**:2288.
Daniel, I. E,. Akpan, E. I. e Utam, E. C. (2020). Avaliação Fitoquímica, Atividades Antioxidantes e Antimicrobianas de Vários Extratos de Folhas e Caules de *Bryophyllum pinnatum. Nepal Journal of Biotechnol*,**8**(1):17-28.
Daramola, J. O., Adeloye, A. A., Fatoba, T. A., e Soladoye, A. O. (2005). Parâmetros hematológicos e bioquímicos de cabras anãs da África Ocidental. *Livestock Research for Rural Development*,**17**(8): 95-102.
Darshan, S. e Doreswamy, R. (2004). Desenvolvimento de medicamentos anti-inflamatórios patenteados de plantas da medicina tradicional. *Phytotherapy Research*, **18**: 343-57.
de Martel, C. e Franceschi, S. (2009). Infecções e cancro: associações estabelecidas e novas hipóteses. *Revisões críticas em Oncologia/Hematologia*,**10**(3): 183 -194.
de Visser, K. E., Eichten, A. e Coussens, L. M. (2006). Paradoxical roles of the immune system during cancer development. *Nature Reviews Cancer*, **6**(1): 24 -37.
de-Koning-Ward, T. F., Gilson, P. R. e Crabb, B. S. (2015). Avanços nos sistemas de genética molecular na malária. *Nature Reviews Microbiology*,**13**:373-387.
Devbhuti, D., Gupta, J. K. e Devbhuti, P. (2012). Estudos sobre a atividade antitumoral de *Bryophyllum calycinum* Salisb contra o carcinoma *de ascite de Ehrlich* em camundongos

albinos suíços. *Jornal de Ciência e Tecnologia Farmacêutica*,**2**(1):31-33.
Diekema, D. J., Pfaller, M. A., Jones, R. N., Doern, G. V., Winokur, P. L., Gales, A. C., Sader, H. S., Kugler, K. e Beach, M. (1999). Survey of bloodstream infections due to gram negative bacilli: frequency of occurrence and antimicrobial susceptibility of isolates collected in the United States, Canada and Latin America for the SENTRY Antimicrobial Surveillance Program. *Clinical Infectious Diseases*,**29**(3): 595-607.
Doshi, S. B., Khullar, K., Sharma, R. K. e Agarwal, A. (2012). Papel das espécies reactivas de azoto na infertilidade masculina. *Reproductive Biology and Endocrinology* ,**10**(109):101-116.
Doyle, D. (2006). William Hewson (1739-74). O pai da hematologia. *British Journal of Haematology*, **133**(4): 375-381.
Drees, J. C. e Wu, A. H. B. (2008). Técnicas analíticas. Em: Bishop ML, Fody EP, Schoeff LE, editores. Clinical Chemistry: Clinical Chemistry: Techniques, Principles, Correlations, Países Baixos: Wolters Kluwer. **5**: 131-65.
Droge, W. (2012). Radicais livres no controlo fisiológico da função celular. *Physiology Reviews*,**82**(1):47-95.
Duarte, A. E., Waczuk, E. P., Roversi, K., da Silva, M. A., Barros, L. M., da Cunha, F. A., de Menezes, I. R., da Costa, J. G., Boligon, A. A., Ademiluyi, A. O., Kamdem, J. P., Rocha, J. B. e Burger, M. E. (2016). Composição polifenólica e avaliação da atividade antioxidante, fragilidade osmótica e efeitos citotóxicos de *Raphiodon echinus* (Nees e Mart.) Schauer. *Molecules*,**21**(2):1-15.
Duarte, T. L. e Lunec, J. (2005). Quando é que um antioxidante não é um antioxidante? Uma revisão das novas acções e reacções da vitamina C. *Free Radical Research*,**39**(7):671-686.
Dubnov-Raz, G., Scheuerman, O. e Chodick, G. (2008). Infecções invasivas *por Kingella kingae* em crianças: caraterísticas clínicas e laboratoriais. *Pediatria*, **122**:1305.
Dzoyem, J. P., Donfack, A. R., Tane, P., McGaw, L. J. e Eloff, J. N. (2016). Inibição da produção de óxido nítrico em macrófagos RAW 264.7 estimulados por LPS e atividade 15-LOX por antraquinonas de *Pentas schimperi*. *Planta Medica*,**82**:1246.
Edwards, C.A. (2003). Encyclopedia of Food Sciences and Nutrition (Segunda Edição).
Ekiz, E. E. e Yalcintan (2013). Comparação de determinados parâmetros hematológicos e bioquímicos relativos ao stress pré-abate em cabritos saanen, malteses, gokceada e cabras peludas. *Jornal da Faculdade de Medicina Veterinária da Universidade de Istambul*, **39**(2): 189-196.
Elisabetta, C., Armando, I. e Carla, C. (2019). O inibidor relativamente seletivo da ciclooxigenase-2 nimesulida: O que é que se passa? *European Journal of Pharmacology*,**1**(2):44.
Enogieru, A. B., Haylett, W., Hiss, D. C., Bardien, S. e Ekpo, O. E. (2018). Rutina como um potente antioxidante: Implicações para distúrbios neurodegenerativos. *Medicina Oxidativa e Longevidade Celular*,**2**(10):1-17.
Esenowo, G. J., Sam, S. M., Bala, D. N., Ekpo, B. A. e Edung, E. M. (2010). Rastreio fitoquímico e efeito hematológico da preparação da dieta de *Peristrophe bicalycuta* (RETZ) Nees em ratos albinos. *Jornal Mundial de Ciência e Tecnologia Aplicadas*, **2**: 277-281.
Espinoza, L. R. e García-Valladares, I. (2013). De insectos e articulações: a relação entre infeção e articulações. *Reumatologia Clínica,***9**: 229-238.
Ezzati, M., Vander-Hoorn, S. e Lawes, C. M. M. (2005). Re-thinking the 'diseases of affluence' paradigm: global patterns of nutritional risks in relation to economic development. *Public Library Science Med*,**2**(5): e133.

Fakhouri, F., Frémeaux-Bacchi, V., Noêl, L. H., Cook, H. T. e Pickering, M. C. (2010). Glomerulopatia C3: uma nova classificação. *Nature Reviews Nephrology*,**6**(8): 494-499.

Falck-Hansen, M., Christina, K. e Claudia, M. (2013). Receptores Toll-Like na aterosclerose. *Revista Internacional de Ciências Moleculares*, **14**: 14008-14023.

Faleye, F. J. e Ogundaini, O. A. (2012). Avaliação das actividades antioxidantes e antimicrobianas se dois isolados de *Aspilia africana* (pers). *Revista Internacional de Investigação em Farmácia*, **3**: 135-138.

Falk, E. (2006). Patogénese da aterosclerose. *Jornal do Colégio Americano de Cardiologia*, **47**:C7-C12.

Fang, H. e Rizzo, J. A. (2007). Os psiquiatras têm menos acesso a serviços médicos para os seus pacientes? *Journal of Mental Health Policy Econ*,**10**(2): 63-71.

Fayaz, A., Croft, P., Langford, R. M., Donaldson, L. J. e Jones, G. T. (2016). Prevalência de dor crónica no Reino Unido: uma revisão sistemática e meta-análise de estudos populacionais. *British Medical Journal Open*,**6**: e010364.

Feldman, L.S. (2006). Sacroiliíte séptica por Salmonella: relato de caso e revisão. *Pediatric Infectious Disease Journal*,**25**:187.

Félix-Silva, J., Silva-Júnior, A. A., Zucolotto, S. M. e Fernandes-Pedrosa, M. F. (2017). Plantas medicinais para o tratamento de danos teciduais locais induzidos por venenos de serpentes: uma visão geral do uso tradicional à evidência farmacológica. *Medicina Complementar e Alternativa Baseada em Evidências*,**17**(5):74-82.

Ferrero-Miliani, L., Nielsen, O. H., Andersen, P. S. e Girardin, S. E. (2007). Inflamação crónica: importância de NOD-2 e NALP-3 na geração de interleucina-1β. *Clinical and Experimental Immunology*,**147**:227-235.

Filomeni, G., Desideri, E., Cardaci, S., Graziani, I., Piccirillo, S., Rotilio, G., Ciriolo, M.R. (2010). As células do carcinoma activam a autofagia dependente da proteína quinase activada por AMP como resposta de sobrevivência à deficiência energética mediada pelo kaempferol. *Autofagia*, 6(2): 202 216.

Firestein, G. S., Echeverri, F. e Yeo, M. (2017). Mutações somáticas no gene supressor de tumor p53 na sinóvia da artrite reumatoide. *Actas da Academia Nacional de Ciências dos Estados Unidos da América*, **94**:10895-10900.

Forstermann, U. e Sessa, W. C. (2012). Óxido nítrico sintases: regulação e função. *European Heart Journal*, **33**(7):829-37.

Gabriel, S. E. (2008). Morbilidade e mortalidade cardiovasculares na artrite reumatoide. *American Journal of Medicine*, **121**: S9-14.

Galkina, E. e Ley, K. (2009). Mecanismos imunes e inflamatórios da aterosclerose. *Revisão Anual de Imunologia*, **27**: 165-197.

Gao, M., Ma. Y. e Liu, D. (2013). Rutina suprime a inflamação desencadeada por ácidos palmíticos em macrófagos e bloqueia a obesidade induzida por dieta rica em gordura e fígado gordo em ratos. *Investigação Farmacêutica*, **10**(2):11-25.

García-Lafuente, A., Guillamón, E., Villares, A., Rostagno, M. A. e Martínez, J. A. (2009). Flavonóides como agentes anti-inflamatórios: implicações no cancro e nas doenças cardiovasculares. *Sociedade Europeia de Investigação da Histamina*, **58**:537-552.

Garrett, W. S., Gordon, J. I. e Glimcher, L. H. (2010). Homeostase e inflamação no intestino. *Cell*,**140**(6): 859-870.

Gessner, D. K., Ringseis, R. e Eder, K. (2017). Potencial dos polifenóis vegetais para combater o estresse oxidativo e os processos inflamatórios em animais de fazenda. *Jornal de*

Fisiologia Animal e Nutrição Animal, **101**: 605-28.
Ghasemian, M., Owlia, S. e Owlia, M. B. (2016). Revisão de medicamentos anti-inflamatórios à base de plantas. *Avanços em Ciências Farmacológicas e Farmacêuticas*, **9**(13):97-109.
Ghio, A. J., Suliman, H. B., Carter, J. D., Abushamaa, A. M. e Folz, R. J. (2002). Over expression of extracellular superoxide dismutase decreases lung injury after exposure to oil fly ash. *American Journal of Physiology - Lung Cellular and Molecular Physiology*, **283**: L211-8.
Ghouleh, I., Khoo, N. K., Knaus, U.G., Griendling, K. K., Touyz, R. M., Thannickal, V. J., Barchowsky, A., Nauseef, W. M., Kelley, E. E., Bauer, P. M., Darley-Usmar, V., Shiva, S., Cifuentes-Pagano, E., Freeman, BA, Gladwin, M. T. e Pagano, P. J. (2011). Oxidases e peroxidases nas doenças cardiovasculares e pulmonares: novos conceitos na sinalização de espécies reactivas de oxigénio. *Free Radical Biology and Medicine,* **51**(7):1271-1288.
Gil, D., Jeannette, R., Brendan, W., Alexey, V., Vladimir, I. e Vladimir, R. (2017). Atividade antioxidante de SOD e Catalase conjugada com céria nanocristalina. *Bioengenharia*,**4**:18.
Giles, J. T., Bartlett, S. J., Andersen, R., Thompson, R., Fontaine, K. R. e Bathon, J. M. (2008). Associação da gordura corporal com a proteína C-reactiva na artrite reumatoide. *Arthritis and Rheumatology*,**58**:2632-2641.
Ginnan, R., Guikema, B. J., Halligan, K. E., Singer, H. A. e Jourd'heuil, D. (2008). Regulação do músculo liso por óxido nítrico sintase induzível e NADPH oxidase em doenças vasculares proliferativas. *Biologia e Medicina dos Radicais Livres*, **44**(7): 1232-1245.
Glass, C. K., Saijo, K., Winner, B., Marchetto, M. C. e Gage, F. H. (2010). Mecanismos subjacentes à inflamação na neurodegeneração. *Cell*,**140**(6): 918-934.
Gligorovski, S., Strekowski, R., Barbati, S. e Vione, D. (2015). Implicações ambientais dos radicais hidroxila (OH). *Chemical Reviews*,**115**: 13051-13092.
Goldstein, S. A., Shemano, I., Daweo, R. e Betler, J. M. (1967). Método de Granuloma pauch com pellets de algodão para avaliação da atividade anti-inflamatória. *Archives Internationales de Pharmacodynamie et de Therapie*,**165**: 294-301.
Gómez-Marcos, M. A., Blázquez-Medela, A. M., Gamella-Pozuelo, L., Recio-Rodriguez, J. I., García-Ortiz, L.e Martínez-Salgado, C. (2016). Stress oxidativo na doença e no envelhecimento:
Mecanismos e terapias. *Medicina oxidativa e longevidade celular*, Artigo ID 9124676.
Gonzalez, A., Kremers, M. H., Crowson, C. S., Nicola, P. J., Davis, J. M. e Therneau, T. M. (2007). The widening mortality gap, between rheumatoid arthritis patients and the general population. *Artrite e Reumatologia,* **56**:3583-3587.
Graczyk, S., Pliszczak-Król, A., Kotonski, B., Wilczek, J. e Chmielak, Z. (2003). Exame do mecanismo de alterações hematológicas e metabólicas do stress agudo em perus. *Jornal Eletrónico das Universidades Agrícolas Polacas*: *Medicina Veterinária*, **6**(1): 1-10.
Grainger, D. J. (2004). Transforming growth fator β and atherosclerosis: so far, so good for the protective cytokine hypothesis. *Arteriosclerosis*, *Thrombosis*, *and Vascular Biology*, **24**: 399-404.
Grainger, D.J. (2007). TGF-β and atherosclerosis in Man. *Cardiovascular Research*,**74**: 213 222.
Grivennikov, S. I., Greten, F. R. e Karin, M. (2010). Immunity, inflammation, and cancer (Imunidade, inflamação e cancro). *Cell*,**140**(6): 883 -899.
Gupta, J., Mitra, N., Kanetsky, P. A., Devaney, J., Wing, M. R., Reilly, M., Shah, V. O.,

Balakrishnan, V. S., Guzman, N. J. e Girndt, M. (2012). Associação entre albuminúria, função renal e perfil de biomarcador inflamatório em CKD em CRIC. *Jornal Clínico da Sociedade Americana de Nefrologia*, **7**: 1938-1946.

Ha, Y. J., Seul, H. J. e Lee, J. R. (2011). A ligação do recetor CD40 nos linfócitos B humanos desencadeia a via da 5-lipoxigenase para produzir espécies reactivas de oxigénio e ativar a MAPK. *Experimental andMolecularMedicine*,**43**(2):101-110.

Habila, J. D., Bello, J. A., Dzikwi, A. A., Musa, H. e Abubakar, N. (2010). *Actividades antioxidantes in vitro de quatro plantas medicinais com base na eliminação de radicais livres DPPH. Jornal Africano de Farmácia e Farmacologia*, **4**(3): 123-126.

Halliwell, B. (2007). Bioquímica do stress oxidativo. *Biochemical Society Transactions*, **35**:1147-1150.

Halliwell, B. e Gutteridge, J. M. (1998). Free radicals in biology and medicine Oxford: Oxford University Press.

Halliwell, B. e Gutteridge, J.M.C. (1992): Biologically relevant metal ion-dependent hydroxyl radical generation. Uma atualização. FEBS Letter,**307**: 108-112.

Hamburger, M., Potterat, O., Fürera, K., Simões-Wust, A. P. e Mandach, U. (2017). *Bryophyllum pinnatum* - Engenharia reversa de um medicamento fitoterápico antroposófico. *Natural Product Communications*,**12**(8): 1359 - 1364.

Hamid, A. A., Aiyelaagbe, O. O., Usman, L. A., Ameen, O. M. e Lawal, A. (2010). Antioxidantes: as suas aplicações medicinais e farmacológicas. *Jornal Africano de Química Pura e Aplicada*, **4**(8):142-151.

Hannu, T., Mattila, L. e Siitonen, A. (2005). Artrite reactiva atribuível à infeção por Shigella: um estudo clínico e epidemiológico de âmbito nacional. *Annals of the Rheumatic Diseases* ,**64**:594.

Hartono, C., Muthukumar, T. e Suthanthiran, M. (2013). Terapia medicamentosa imunossupressora. *Cold Spring Harbor Perspectives in Medicine*, **3**(9): a015487.

Hatai, B., Apurba, G., Sandip, B., Sudip, K. B. e Jubileu, H. (2017). Impacto da atividade da glutationa peroxidase (Gpx) como marcador de estresse oxidativo e seu papel na inflamação em pacientes com osteoartrite. *Jornal Internacional* de *Pesquisa Avançada*,**5**(8):1288 1294.

Hendrayani, S. F., Al-Harbi, B., Al-Ansari, M. M., Silva, G. e Aboussekhra, A. (2016). O ciclo de feedback positivo IL-6 / STAT3 / NF-κB relacionado a inflamação / câncer inclui AUF1 e mantém o estado ativo dos miofibroblastos mamários. *Oncotarget* ,**7**:41974-41985.

Henríquez-Olguín, C., Altamirano, F., Valladares, D., López, J. R., Allen, P. D. e Jaimovich, E. (2015). Produção alterada de ROS, ativação de NF-κB e expressão gênica de interleucina-6 induzida por estimulação elétrica em células musculares esqueléticas distróficas mdx. *Biochimica et Biophysica Ata*,**1852**:1410-1419.

Ho, Y.S., Xiong, Y. e Ma, W. (2004). Mice lacking catalase develop normally but show differential sensitivity to oxidant tissue injury. *Journal of Biological Chemistry*, **279**:32804-32812.

Hodek, P., Trefil, P. e Stiborová, M. (2012). Flavonóides - compostos biologicamente activos potentes e versáteis que interagem com os citocromos P450. *Interações Químico-Biológicas*, **139**:1-21.

Hollingsworth, J. W., Siegel, E. R. e Creasey, W. A. (2017). Sobrevivência de granulócitos no exsudado sinovial de pacientes com artrite reumatoide e outras doenças inflamatórias das articulações. *Yale Journalof Biology and Medicine* ,**39**(5): 289-296.

Hosomi, J., Ghelman, R., Quintino, M. P., Moron, A., de Souza, E. e Nakamura, M. U.

(2014). Efeitos da administração crônica de *Bryophyllum pinnatum* na gravidez de ratos Wistar. *Forschende Komplementärmedizin*,**21**(3):184-9.

Hossain, S. J., Tsujiyama, I., Takasugi, M., Islam, M. A., Biswas, R. S e Aoshima, H. (2008). Conteúdo fenólico total, actividades antioxidantes, anti-amilase, anti-glucosidase e de libertação de anti-histamina de frutos do Bangladesh. *Food Science and Technology Research*,**14**:261 268.

Hot, A., Lenief, V. e Miossec, P. (2012). A combinação de IL-17 e TNFa induz um fenótipo pró-inflamatório, pró-coagulante e pró-trombótico em células endoteliais humanas. *Anais de Doenças Reumáticas*, **71**:768-776.

Hotamisligil, G. S. (2006). Inflamação e doenças metabólicas. *Nature* ,**444**(7121): 860-867.

Hui, Y., Ricciotti, E., Crichton, I., Yu, Z., Wang, D., Stubbe, J., Wang, M., Puré, E. e FitzGerald, G. A. (2010). Deleções direcionadas de ciclooxigenase-2 e aterogênese em camundongos. *Circulation*,**121**:2654 - 2660.

Hung, A. L., Lim, M. e Doshi, T. L. (2017). Direcionamento de citocinas para o tratamento da dor neuropática. *Scandinavian Journal of Pain*, **17**: 287-293.

Hunter, C. A. e Jones, S.A. (2015). IL-6 como uma citocina fundamental na saúde e na doença. *Nature Immunology*, **16**: 448-457.

Imam, M. Z. e Sumi, C. D. (2014). Avaliação da atividade antinociceptiva do hidrometanol extrato de *Cyperus rotundus* em camundongos. *BMC Medicina Complementar e Alternativa,* **14**(1): 4-8.

Imlay, J. A. (2003). Pathways of oxidative damage. *Revisão Anual de Microbiologia*, **57**:395 418.

Isaac, L. J., Abah, G., Akpan, B. e Ekaette, I. U. (2013). Propriedades hematológicas de diferentes raças e sexos de coelhos. *Actas da 18.ª Conferência Anual da Associação de Ciência Animal da Nigéria*, pp. 24-27.

Iwuji, T. C. e Herbert, U. (2012). Caraterísticas hematológicas e bioquímicas séricas de coelhos alimentados com dietas contendo farinha de sementes de garcimiola kola. *Actas da 37.ª Conferência Anual da Sociedade Nigeriana de Produção Animal*, p. 87-89.

Jagetia G.C., Shaival Kamalaksh Rao, Baliga M.S. e Kiran S. Babu (2004): A avaliação da atividade de eliminação de óxido nítrico de certas formulações de ervas in vitro: Um estudo preliminar. *Phytotherapy Research*,**18**: 561-565.

Jalava K, Hakkinen M. e Valkonen M. (2006). Um surto de doença gastrointestinal e eritema nodoso provocado por cenouras raladas contaminadas com *Yersinia pseudotuberculosis. Journal of Infectious Diseases*,**194**:1209.

Jayaprakasha, G. K., Singh, R. P. e Sakariah, K. K. (2001). Antioxidant activity of grape seed (*Vitis vinifera*) extracts on peroxidation models *in vitro*. *Química alimentar*, **73**(3):285-90.

Jones, A., Grifn, P., Collins, R. N. e Waite, T. D. (2014). Oxidação de ferro ferroso em condições ácidas - O efeito das superfícies de óxido férrico. *Geochimica* et *Cosmochimica Ata*,**145**: 1-12.

Jovanovic, S. V. e Simic, M. G. (2000). Antioxidants in nutrition. *Anais da Academia de Ciências de Nova Iorque*, **899**:326-334.

Jo-Watanabe, A., Okuno, T. e Yokomizo, T. (2019). O papel dos leucotrienos como potenciais alvos terapêuticos em distúrbios alérgicos. *Revista Internacional* de Ciências *Moleculares*, **20**: 3580.

Juthani, V. V., Clearfield, E. e Chuck, R. S. (2017). Anti-inflamatórios não esteróides versus corticosteróides para controlar a inflamação após cirurgia de catarata não complicada.

Cochrane Database Systematic Reviews, **7**: CD010516.

Kabir, M., Akpa, G. N., Nwagu, B. I., Adeyinka, I. A. e Bello, U. I. (2011). Dimorfismo sexual, caraterísticas de raça e idade de coelhos em Zaria, Nigéria. *Actas da 16.ª Conferência Anual da Associação de Ciência Animal da Nigéria*, p. 133-137.

Kakkar P., Das B., Viswanathan P.N. (1984). A modified spectrophotometric assay of superoxide dismutase. *Indian Journal of BiochemistryandBiophysics*,**21**:130-132.

Kane, S. R., Cogan, S. F., Ehrlich, J., Plante, T. D., McCreery, D. B. e Troyk, P. R. (2013). Desempenho elétrico de microeletrodos penetrantes implantados cronicamente no córtex de gatos. *IEEE Transactions on Biomedical Engineering*,**60**:2153-60.

Kang, S. N., Sanghera, T. e Mangwani, J. (2009). O tratamento da artrite séptica em crianças: revisão sistemática da literatura em língua inglesa. *Journal of Bone and Joint Surgery*,**91**:1127.

Kangralkar, V.A., Patil, S. D. e Bandivadekar, R. M. (2010). Stress oxidativo e diabetes: A review. *International Journal of Applied Pharmaceutics* ,**1**:38-45.

Kaptoge, S., Di Angelantonio, E., Lowe, G., Pepys, M.B., Thompson, S.G., Collins, R. e Danesh, J. (2010). Concentração de proteína C-reactiva e risco de doença coronária, acidente vascular cerebral e mortalidade: uma meta-análise individual dos participantes. *Lancet*,**375**:132-140.

Katsiari, C. G., Bogdanos, D. P. e Sakkas, L. I. (2019). Inflamação e doença cardiovascular. *Jornal Mundial de Medicina Translacional*,**8**(1): 1-8.

Katsiari, C.G., Bogdanos, D.P. e Sakkas L.I. (2019). Inflamação e doença cardiovascular . *Revista Mundial de Medicina Translacional*,**8**(1):1-8.

Kaushik, D., Kumar, A., Kaushik, P. e Rana, A. C. (2012). Atividade Analgésica e Anti-Inflamatória de *Pinus roxburghii*. *Avanços em Ciências Farmacológicas e Farmacêuticas*, **2**(4): 31-40.

Kelly, D. A. e Nelson, R. (2014). Caracterização e quantificação por cromatografia gasosa de flavonoides. *Revista da Sociedade Brasileira de Química* ,**25**(2):109-115.

Khan, M., Kumar, S. e Hamal, I. A. (2009). Plantas medicinais da bacia hidrográfica do rio Sewa no noroeste dos Himalaias e suas implicações para a conservação. *Ethnobotanical Leaflets*, **13**: 1113- 39.

Khan, S., Karen, L. A. e Jaye, P. F. (2019). Inibidores da ciclo-oxigenase (COX) e risco cardiovascular: os anti-inflamatórios não esteróides são realmente anti-inflamatórios? *Revista Internacional de Ciências Moleculares*, **20**: 4262.

Khan, T. A. e Zafar, F. (2005). Haematological Study in Response to Varying Doses of Estrogen in Broiler Chicken (Estudo hematológico em resposta a doses variáveis de estrogénio em frangos de carne). *International Journal of Poultry Science*, **4**(10): 748-751.

Kohen, R e Nyska, A. (2002). Revisão convidada: Oxidation of biological systems; oxidative stress, phenomena, antioxidants, reações redox e métodos para a sua quantificação. *Toxicologic pathology*,**30**(6):620-650.

Korripally, P., Timokhin, V. I., Houtman, C. J., Mozuch, M. D. e Hammel, K. E. (2013). Evidências de Serpula lacrymans de que a 2,5-dimetoxi-hidroquinona é um agente lignocelulolítico de basidiomicetos divergentes da podridão parda. *Microbiologia Aplicada e Ambiental*, **79**:2377-2383.

Krstic, A., Mojsilovic, S., Jovcic, G. e Bugarski, D. (2012). O potencial da interleucina-17 para mediar a resposta hematopoiética. *Immunologic Research*,**52**(1-2):34-41.

Kukreja, R. C. e Hess, M. L. (2017). O sistema de radicais livres de oxigênio - de equações através de interações membrana-proteína a lesões e proteção cardiovascular. *Investigação Cardiovascular*, **26**:641-655.

Kumar, R. A., Singh, V., Kumar, P. e Kumar, V. (2012). Atividade antibacteriana *in vitro* da folha de *Kalancho epinnata*. *Revista Internacional de Investigação Farmacêutica Atual*, **2**(4):70-73.

Kurtoglu, F., Kurtoglu, V., Celik, I., Keçeci, T. e Nizamlioglu, M. (2005). Effects of dietary boron supplementation on some biochemical parameters, peripheral blood lymphocytes, splenic plasma cells and bone characteristics of broiler chicks given diets with adequate or inadequate cholecalciferol (vitamin D3) content. *British Poultry Science*,**46**(1): 87-96.

Lamosová, D., Mácajová, M., e Zeman, M. (2004). Effects of short term fasting on selected physiological functions in adult male and female Japanese quail. *Ata Veterinaria Brno*,**73**(1):9-16.

Landis, G. N. e Tower, J. (2015). Evolução da superóxido dismutase e regulação do tempo de vida. *Mechanisms of Ageing and Development* ,**126**:365-79.

Lawrence, T. (2009). A via do fator nuclear NF-κB na inflamação. *Perspectivas de Cold Spring Harbor* em *Biologia*, **10** (1): 101-11.

Lee, Y. C., Nassikas, N. J. e Clauw, D.J. (2011). O papel do sistema nervoso central na geração e manutenção da dor crónica na artrite reumatoide, osteoartrite e fibromialgia. *Arthritis Research and Therapy*,**2**(13): 211.

Leeder, S., Raymond, S., Greenberg, H., Liu, H. e Esson, K. (2004). A race against time: the challenge of cardiovascular disease in developing economies (Uma corrida contra o tempo: o desafio das doenças cardiovasculares nas economias em desenvolvimento). Universidade de Columbia, NY.

Leurs, R. e Chireh, M. K. (2002). H1-Anti-histaminas: agonismo inverso, ação anti-inflamatória e efeitos cardíacos. *Molecules*,**32**(4):489-498.

Li, X. M., Li, X. L. e Zhou, A. G. (2007). Avaliação da atividade antioxidante dos polissacáridos extraídos dos frutos de *Lycium barbarum in vitro*. *European Polymer Journal*, **43**(2):488-97.

Libby, P. (2007). Inflammatory mechanisms: the molecular basis of inflammation and disease (Mecanismos inflamatórios: a base molecular da inflamação e da doença). *Nutrition Reviews,65*:S140-S146.

Lin, S. J., Shyue, S. K., Shih, M. C., Chu, T. H., Chen, Y. H., Ku, H. H., Chen, J. W., Tam, K. B. e Chen, Y. L. (2007). A superóxido dismutase e a catalase inibem a proliferação de células musculares lisas da aorta humana induzida por lipoproteínas de baixa densidade oxidadas: papel da regulação do ciclo celular, proteínas quinases activadas por mitogénio e factores de transcrição. *Atherosclerosis*, ***190***(1): 124-234.

Lin, W. W. e Karin, M. (2007). A cytokine-mediated link between innate immunity, inflammation and cancer. *Journal of Clinical Investigation*, **117**(5): 1175 - 1183.

Liu, C., Cosgrove, S. E. e Daum, R. S. (2011). Diretrizes de prática clínica da Infectious Diseases Society of America para o tratamento de infecções por *Staphylococcus aureus* resistentes à meticilina em adultos e crianças. *Clinical Infectious Disease*,**52**:1-13.

Liu, H., Bruton, T.A., Li, W., Buren, J.V., Prasse, C., Doyle, F.M. e Sedlak, D.L. (2016). Oxidação de benzeno por persulfato na presença de óxidos contendo Fe (III) e Mn (IV): Eficiência estequiométrica e produtos de transformação. *Jornal de Ciência e Tecnologia Ambiental*, **50**: 890-898.

Liu, L., Li, C. e Gao, J. (2010) A variante do promotor no gene da catalase está associada ao vitiligo na população chinesa. *Journal of Investigative Dermatology*,**130**(11): 2647-2653.
Liu, Z., Wang, Y., Wang, Y., Ning, Q., Zhang, Y., Gong, C., Zhao, W., Jing, G. e Wang, Q. (2016). A dexmedetomidina atenua a reação inflamatória nos tecidos pulmonares de ratinhos sépticos através da ativação da via anti-inflamatória colinérgica. *International Immunopharmacology* ,**35**:210-216.
Lorent, J. H., Quetin-Leclercq, J. e Mingeot-Leclercq, M. P. (2020). A natureza anfifílica das saponinas e seus efeitos na membrana artificial e biológica e potencial
Consequências para o sangue vermelho e para as células cancerígenas. *Química Orgânica e Biomolecular*, **12**:8803-8822.
Lorke, D. (1983). A new approach to practical acute toxicity testing. *Archives of Toxicology*, **54**:275-87.
Lozano, R., Wang, H. e Foreman, K. J. (2011). Progressos no sentido dos Objectivos de Desenvolvimento do Milénio 4 e 5 sobre a mortalidade materna e infantil: uma análise sistemática actualizada. *Lancet*, **378**:1139-65.
Lundberg, J. O. e Weitzberg, E. (2010). The biological role of nitrate and nitrite: the times they are a-changin'. *Nitric Oxide*,**22**(2):61-3.
Machha, A. e Schechter, A.N. (2011). Nitrito e nitrato dietéticos: uma revisão dos potenciais mecanismos de benefícios cardiovasculares. *Jornal Europeu de Nutrição*, **50**: 293-303.
Machowska, A., Carrero, J. J., Lindholm, B. e Stenvinkel, P. (2016). Terapêuticas que visam a inflamação persistente na doença renal crónica. *Jornal* de *Medicina Clínica*, **167**:204 213.
Macias, F., Erik, L. e Christensen, L. P. (2006). Simple Method for Large Scale Isolation of the Cyclic Arylhydroxamic Acid DIMBOA from Maize (*Zea mays* L.) *Journal of Agricultural and Food Chemistry*, **54**:1040.
Maeda, S., Kamata, H., Luo, J. L., Leffert, H. e Karin, M. (2005). A IKKbeta associa a morte de hepatócitos à proliferação compensatória induzida por citocinas que promove a hepatocarcinogénese química. *Cell*,**121**(7): 977-990.
Magalhães, P., Appell, H. e Duarte, J. (2008). Envolvimento da glicação avançada e produtos na patogénese da complicação da diabetes; o papel protetor da atividade física regular. *European Review of Aging and Physical Activity* ,**5**: 17-29.
Mahata, S., Maru, S., Shukla, S., Pandey, A., Mugesh, G., Das, B. C e Bharti, A. C. (2012). Propriedade anticancerígena da folha de *Bryophyllum pinnata* (Lam.) Oken. no cancro do colo do útero humano
células. *BMC Complementary and Alternative Medicine*,**12**:15.
Mahomoodally, M. F. (2013). Medicamentos tradicionais em África: Uma avaliação de dez potentes plantas medicinais africanas. *Medicina Complementar e Alternativa Baseada em Evidências*, **20**(13): 617459.
Manner, S., Skogman, M, Goeres D., Vuorela, P. e Fallarero, A. (2013). Exploração sistemática de flavonóides naturais e sintéticos para a inibição de biofilmes de *Staphylococcus aureus*. *Revista Internacional de Ciências Moleculares*,**14**(10): 19434-19451.
Mantovani, A., Allavena, P., Sica, A. e Balkwill, F. (2008). Inflamação relacionada com o cancro. *Nature* ,**454**(723): 436-444.
Maroon, J. C., Bost, J. W. e Maroon, A. (2010). Agentes anti-inflamatórios naturais para o alívio da dor. *Surgical Neurology International*, **1**: 80.
Mbaka, G. O., Adeyemi, O. O. e Oremosu, A. A. (2010). Estudos de toxicidade aguda e subcrónica do extrato etanólico das folhas de *Sphenocentrum jollyanum* (menispermaceae).

Revista de Agricultura e Biologia da América do Norte, **1**: 265-272.

McCaffrey, T.A. (2000). TGF-ßs e receptores de TGF-β na aterosclerose. *Cytokine and Growth Fator Reviews*,**11**: 103-114.

Medzhitov, R. (2008). Origem e papéis fisiológicos da inflamação. *Nature*,**454**(723): 428 435.

Medzhitov, R. (2010). Inflammation: new adventures of an old flame (Inflamação: novas aventuras de uma velha chama). *Cell*, **140**(6): 771-776

Meetoo, D., McGovern, P. e Safadi, R. (2007). An epidemiological overview of diabetes across the world. *British Journal of Nursing*,**16**(16): 1002-7.

Megersa, M., Jima, T. T. e Goro, K. K. (2019). O uso de plantas medicinais para o tratamento da dor de dente na Etiópia. *Medicina Complementar e Alternativa Baseada em Evidências*, **26**(4):51-74.

Meng-Yu, W., Chia-Jung, L., Ming-Feng, H. e Pei-Yi, C. (2017). Novos insights sobre o papel da inflamação na patogênese da aterosclerose. *Revista Internacional de Ciência Molecular*,**18**(2): 18-34.

Merck, M. (2012). Intervalos de referência hematológicos. Manual Veterinário Mareck. Recuperado de http://www.merckmanuals.com/.

Miller, A. H., Maletic, V. e Raison, C. L. (2009). Inflammation and Its Discontents: The Role of Cytokines in the Pathophysiology of Major Depression [Inflamação e seus descontentamentos: o papel das citocinas na fisiopatologia da depressão maior]. *Biological Psychiatry*, **65**:732-741.

Minihane, A. M., Sophie, V., Wendy, R. R., Athanasia, B., Helen, M. R., Kieran, M. T., Jessica, L. T., Ellen, E. B., Michael, F., David, V., Harry, J. M., Bas, H. A. K., Luc, S., Katerina, V., Massimo, M. B., Christine, M. W. e Philip, C. C. (2015). Inflamação de baixo grau, composição da dieta e saúde: evidências atuais de pesquisa e sua tradução. *British Journal of Nutrition*,**2**(2): 1-14.

Mishra, A.P., Sharifi-Rad, M., Shariati, M.A., Mabkhot, Y.N., Al-Showiman, S.S., Rauf, A., Salehi, B., Zupunski, M., Sharifi-Rad, M. e Gusain, P. (2018). Compostos bioativos e benefícios para a saúde de espécies comestíveis de Rumex - uma revisão. *Biologia Celular e Molecular*, **64**: 27- 34.

Mittal, M., Mohammad, R.S. e Asrar, B. M. (2014). Espécies reativas de oxigênio na inflamação e lesão tecidual. *Sinalização Antioxidante e Redox*, **20**(7):1126-1167.

Mojsilovi, S., Jaukovi, A., Santibañez, J. F. e Bugarski, D. (2015). Interleucina-17 e sua implicação na regulação da diferenciação e função das células-tronco hematopoiéticas e mesenquimais. *Mediadores da Inflamação*,**2**(1):5-11.

Moore, K. J. e Tabas, I. (2011). Macrófagos na patogénese da aterosclerose. *Cell*, **145**: 341-355.

Moran, A. E., Roth, G. A., Narula, J., Mensah, G. A. (2014). Atlas global de doenças cardiovasculares de 1990-2010. *Global Heart*,**9**:3-16.

Mudi, S. Y. e Ibrahim, H. B (2008). Atividade dos *extractos de Bryophyllum pinnatum* S. Kurz em bactérias patogénicas do trato respiratório. *Bayero Journal of Pure and Applied Sciences*, **1**(1):43-48.

Mukherjee, B. T., Saha, K., Pal, M. e Saha, B. M. (2008). Avaliação dos efeitos anti-inflamatórios do extrato de folhas de *Cassia fistula* (Leguminosae) em ratos. *Journal of Herbs, Spices and Medicinal plants*, **6**: 67-72.

Nabarun, M., Sampath, V., Sameer, P., Babu, U. V. e Richard, L. (2019). Plantas medicinais antiartríticas: Uma revisão. *Jornal de Pesquisa de Farmácia e Tecnologia*,**12**(1):375 381.

Nair, B., Taylor-Gjevre, R., Wu, L., Jin, S. e Quail, J. M. (2019). Incidência e prevalência de artrite reumatoide em Saskatchewan, Canadá: 2001-2014. *Bio-Medical Central Rheumatology*,**3**:28.

Narazaki, M. e Kishimoto, T. (2018). A citocina de duas faces IL-6 na defesa e doenças do hospedeiro. *Jornal Internacional de Ciência Molecular,* **19**: 35-38.

Naseem, K.M. (2005). O papel do óxido nítrico nas doenças cardiovasculares. *Molecular Aspect of Medicine*,**26**: 33-65.

Comité Nacional de Normas de Laboratórios Clínicos (NCCLS). (2004). Métodos de diluição, testes de suscetibilidade antimicrobiana para bactérias que crescem aerobicamente. 5ª ed. p. 30.

Nel, A., Xia, T., Mädler, L. e Li, N. (2006). Toxic potential of materials at the nanolevel (Potencial tóxico dos materiais a nível nanométrico). *Science* ,**3**(11):622-627.

Nkafamiya, I. I., Maina, H. M., Osemeahon, S. A. e Modibbo, U. U. (2010). Percentagem de rendimento em óleo e propriedades físico-químicas de diferentes espécies de amendoim (*Arachis hypogaea*). *Jornal Africano de Ciência Alimentar*, **4**(7):418-421.

Nnaoma, I.E., Nnorom, C. M., Ozurumba, A. e Joel, O. (2019). Atividade antimicrobiana e constituintes fitoquímicos do extrato metanólico da casca do caule *de Bryophyllum pinnatum*. *Jornal de Pesquisa Química e Farmacêutica*,**11**(4):60-64.

Noor, R., Mittal, S. e Iqbal, J. (2012). Superóxido dismutase - Aplicações e relevância para as doenças humanas. *Medical Science Monitor*,**8**: RA210-5.

Nunes-Silva, A. e Freitas-Lima, L. (2014). A associação entre o exercício físico e a produção de Espécies Reactivas de Oxigénio (EROs). *Revista de Medicina Desportiva e Estudos de Dopagem*,**4**(152): 61-73.

Nwankpa, P., Chukwuemeka, O. G. e Ekweogu, C. N. (2017). Investigação do extrato de casca de caule de etanol de *Treculia africana* nos parâmetros hematológicos de ratos albinos Wistar. *Jornal de Bioquímica e Bioquímica Analítica*, **6**(4): 347-351.

O'Grady M. J. e Capretta J. C. (2017). Projecções dos custos dos cuidados de saúde para a diabetes e outras doenças crónicas. *Jornal Mundial da Saúde*, **6**(2): 48-60.

Obaid, O. H., Reddy, S. K. e Sridhar, S. (2019). Indução de calos e regeneração de plantas das folhas de *Bryophyllum* e efeito do estresse salino no conteúdo de calos de briofilina A e briofilina C. *Arquivos de plantas*, **19** (2): 1483-1485.

Obi, V. I. e Onuoha, C. (2000). Métodos de extração e caraterização de plantas e produtos vegetais. In: Técnicas biológicas e agrícolas. Websmedia publishers, Owerri, Nigéria, pp. 271-286.

Obioma, A., Chikanka, A. T. e Dumo, I. (2017). Atividade antimicrobiana de extratos de folhas de *Bryophyllum pinnatum* e *Aspilia africana* em isolados patogênicos de feridas recuperados de pacientes admitidos no Hospital Universitário da Universidade de Port Harcourt, Nigéria. *Anais da Investigação Clínica e Laboratorial*, **5**(3):185-166.

Ogbonnia, S. O., Anyika, E. N., Mbaka, G. O., Utah, P. e Ugwu, D. (2012). Efeitos anti-hiperglicémicos e anti-heperlipidémicos do extrato aquoso de etanol das folhas de *Tapinanthus globiferus* e da casca da raiz de *Treculia africana* e da sua mistura em ratos diabéticos com aloxano. *Agriculture and Biology Journal of North America*,**3**: 237-246.

Ogidi, O. I., Esie, N. G. e Dike, O. G. (2019). Composições fitoquímicas, proximais e minerais da planta medicinal *Bryophyllum Pinnatum* (Never die). *Jornal de Farmacognosia e Fitoquímica*,**8**(1): 629-635.

Ogunbajo, S. O., Alemede, I. C., Adama, J. Y. e Abdullahi, J. (2009). Parâmetros hematológicos de coelhas castanhas da Savana alimentadas com níveis variáveis de farinha de sementes de árvores flamboyant na dieta. *Actas da 34.ª Conferência Anual da Sociedade Nigeriana de Produção Animal*, p. 88-91.

Oguz, H., Kececi, T., Birdane, Y. O., Önder, F. e Kurtoglu, V. (2000). Efeito da clinoptilolita nas caraterísticas bioquímicas e hematológicas do soro de frangos de carne durante a aflatoxicose. *Investigação em Ciências Veterinárias*, **69**(1): 89-93.

Ojewole, J. (2005). Efeitos antinociceptivos, anti-inflamatórios e antidiabéticos do extrato aquoso da folha de *Bryophyllum pinnatum* (Crassulaceae). *Journal of Ethnopharmacology, 99:* 13-19.

Okazaki, I. M., Kotani, A. e Honjo, T. (2007). Papel da AID na tumorigénese. *Avanços em Imunologia, 94:* 245 -273.

Okon, J. E., Esenowo, G. J., Afaha, I. P. e Umoh, N. S. (2013). Parâmetros hematopoiéticos do extrato etanólico de frutos de musa acumulam em ratos albinos. *Boletim de Meio Ambiente, Farmacologia* e *Ciências da Vida,* **2**: 22-26.

Okwu, D. E. e Josiah, C. (2006) Avaliação da composição química de duas plantas medicinais nigerianas. *Jornal Africano de Biotecnologia,* **5**: 257-361.

Oladejo, A. A., Oyama, M. O., Ayeni, K. O., Ayo, E. e Oyerinde, A. S. (2018). Avaliação *in vitro* das actividades antibacterianas e antifúngicas da casca do caule *de Chrysophyllum albidum. Jornal de Avanços em Microbiologia,***13**(2): 1-7.

Oladoye, S. O., Ayodele, E. T. e Idowu, O. T. (2017). *Bryophyllum pinnatum*: Uma mini revisão sobre Etnobotânica e Fitoquímica. *Journal of Drugs and Pharmaceutical Science,***2**:1 6.

Olafedehan, C. O., Obun, A. M., Yusuf, M. K., Adewumi, O. O., Oladefedehan, A. O., Awofolaji, A. O. e Adeniji, A.A. (2010). Effects of residual cyanide in processed cassava peal meals on haematological and biochemical indices of growing rabbits *Actas da 35.ª Conferência Anual da Sociedade Nigeriana de Produção Animal*, p. 212.

Omer, N., Rohilla, A., Rohilla, S. e Kushnoor, A. (2012). Óxido nítrico: papel na biologia humana. *International Journal of Pharmaceutical Science and Drug Research*,**4**:105-9.

Omiyale, C. A., Yisa, A. G. e Ali-Dunkrah, L. A. (2012). Caraterísticas hematológicas de ovelhas Yankasa alimentadas com dietas à base de palha de fonio (*Digitaria iburua*). *Actas da 37.ª Conferência Anual da Sociedade Nigeriana de Produção Animal*, p. 87-89.

Orelien, S.M.B., Germain, S.T., Frida, L. e Danielle, B. (2014). Atividades anti-hipertensivas do extrato aquoso de *Kalanchoe pinnata* (Crassulaceae) em ratos com alta carga de sal. *Journal of Ethnopharmacology* ,**153**(2) :519-526.

Ovuru, S. S. e Ekweozor, I. K. E. (2004). Alterações hematológicas associadas à ingestão de petróleo bruto em coelhos experimentais. *Jornal Africano de Biotecnologia*, **3**(6):346-348.

Oyawoye, B. M. e Ogunkunle, H. N. (2004). Biochemical and haematological reference values in normal experimental animals (Valores de referência bioquímicos e hematológicos em animais experimentais normais). Nova Iorque: Masson. Pp. 212-218.

Oyedemi, S. C., Adewusi, E. A., Aiyegoro, C. A e Akinpelu, D. A. (2011). Efeito antidiabético e hematológico do extrato aquoso da casca do caule de *Afzelia africana* (Smith) em ratos Wistar diabéticos induzidos por estreptozotocina. *Asian Pacific Journal of Tropical Biomedicine*,**1**: 353-358.

Ozolua, R.I., Eboka, C.J., Duru, C.N. e Uwaya, D.O. (2010). Efeitos do extrato aquoso da

folha de *Bryophyllum pinnatum* na contratilidade do anel traqueal da cobaia. *Jornal Nigeriano de Ciências Fisiológicas*, **25**:149-157.
Pacher, P., Beckman, J. S. e Liaudet, L. (2007). Nitric oxide and peroxynitrite in health and disease (Óxido nítrico e peroxinitrito na saúde e na doença). *Physiology Reviews*,**87**(1):315-424.
Pala, F.S., Gurkan, H. (2008). O papel dos radicais livres na etiopatogénese das doenças. *Avanços em Biologia Molecular*,**1**: 1-9.
Pandurangan, A., Amandeep, K., Manish K., Vichitra K. e Arunachalam, G. (2019). Avaliação da atividade anti-inflamatória de *Bryophyllum calycinum* (Crassulaceae) em modelos de inflamação aguda e crônica. *Jornal de Ciências Farmacêuticas e Pesquisa*, **11**(1): 263-266
Papa, L., Manfredi, G. e Germain, D. (2014). SOD1: um novo alvo inesperado para a terapia do cancro. *Genes Cancer*, **5**:15-21.
Parikh-Patel, A., White, R. H., Allen, M. e Cress, R. (2009). Risk of cancer among rheumatoid arthritis patients in California (Risco de cancro entre os doentes com artrite reumatoide na Califórnia). *Cancer Causes and Control,* 20:1001-10.
Parra, S. A., Gaur, K., Dashora, A. e Rather, M. I. (2019). Avaliação da atividade anti-inflamatória e analgésica do extrato metanólico de *Berberis lycium* Royle. *Jornal de Estudos de Plantas Medicinais*,**7**(1): 39-45.
Pavia, D.L., Lampman, G.M., Kritz, G.S. e Engel R.G. (2006). Introdução às técnicas laboratoriais orgânicas. (4ª ed.). Thomson Brooks/Cole: Califórnia.
Paviaya, U., Wanjari, M., Thenmozhi, S., Kumar, P. e Balakrishnan, B. (2013). Atividade analgésica e anti-inflamatória da casca da raiz de *Grewia asiatica* Linn. em roedores. *Ciência Antiga da Vida*, **32**:150.
Peesa, J. P., Yalavarthi, P. R., Rasheed, A. e Mandava, V. B. R. (2016) Uma revisão em perspetiva sobre o papel dos novos pró-fármacos AINE na gestão da inflamação aguda. *Jornal de Doenças Agudas*, **5**(5): 364-81.
Perlman, M. H., Patzakis, M. J. e Kumar, P. J. (2000). A incidência de envolvimento articular com osteomielite adjacente em pacientes pediátricos. *Jornal de Pediatria e Ortopedia*, **20**:40.
Peters, M. J., van Halm, V. P., Voskuyl, A. E., Smulders, Y. M., Boers, M., Lems, W. F., Visser, M., Stehouwer, C. D., Dekker, J. M., Nijpels, G., Heine, R., Dijkmans, B.A. e Nurmohamed, M. T. (2009). Será que a artrite reumatoide é igual à diabetes mellitus como fator de risco independente para as doenças cardiovasculares? Um estudo prospetivo. *Arthritis and Rheumatology*, **61**:1571-1579.
Pham-Huy, L. A., Hua, H. E. e Pham-Huy, C. (2008). Radicais livres, antioxidantes na doença e na saúde. *Revista Internacional de Ciências Biomédicas*, **4**(2):89-96.
Plangger, N., Rist, L., Zimmermann, R. e Von-mandach, U. (2006). A tocólise intravenosa com *Bryophyllum pinnatum* é melhor tolerada do que a aplicação de beta-agonista. *European Journal of Obstetrics and Gynecology and Reproductive Biology*, **124**: 168-172.
Poehling, K. A., Talbot, T. R. e Griffin, M. R. (2006). Invasive pneumococcal disease among infants before and after introduction of pneumococcal conjugate vaccine (Doença pneumocócica invasiva entre bebés antes e depois da introdução da vacina pneumocócica conjugada). *Journal of the American Medical Association*, **295**:1668.
Ponder, A. e Long, M. D. (2013). Uma revisão clínica das descobertas recentes na epidemiologia da doença inflamatória intestinal. *Clinical Epidemiology*, **5**: 237-47.
Popkin, B.M. (2002). A conferência de Bellagio sobre a transição nutricional e as suas

implicações para a saúde no mundo em desenvolvimento. *Nutrição em Saúde Pública*, **5**(1A): 93-280.

Porfire, A. S., Leucuta, S. E., Kiss, B., Loghin, F. e Pârvu, A. E. (2014). Investigação do papel do sistema de entrega cu / Zn-SOD em sua atividade antioxidante e antiinflamatória em modelo de peritonite em ratos. *Relatórios Farmacológicos,* **66**:670-6.

Raghupathi W. e Raghupathi V. (2013). Uma visão geral da análise de saúde. Journal of Health and Medical Information, **4**:1-11.

Rahman, K. (2007). Estudos sobre Radicais Livres, Antioxidantes e Co-Factores. *Clinical Interventions in Aging*,**2**(2):219-236.

Rainsford, K. D. (2007). Anti-inflamatórios no século XXI. *Sub-cellular Biochemistry*, **42**: 3-27.

Rakoff-Nahoum, S. e Medzhitov, R. (2009). Receptores do tipo Toll e cancro. *Nature Reviews Cancer*,**9**:57-63.

Rane, Z., Anish K. P. e Anusha, B. (2012). Avaliação fitoquímica por GC-MS e atividade antioxidante *in vitro* do extrato da casca do fruto de *Punicagranatum*. *Journal of Chemical and Pharmaceutical Research*,**4**(6):2869-2873.

Ratnam, D. V., Ankola, D. D., Bhardwaj, V., Sahana, D. K. e Kumar, M. N. V. R. (2006). Role ofAntioxidants in Prophylaxis and Therapy: A Pharmaceutical Perspective. *Journal of Controlled Release*,**113**(3): 189- 207.

Ray, G. (2016). Doença inflamatória intestinal na Índia - Passado, presente e futuro. *Jornal Mundial de Gastroenterologia*, **22**(36): 8123-36.

Reddy, M. K., Gupta, S. K, Jacob, M. R., Khan, S. I. e Ferreria, D. (2007). Actividades antioxidantes, anti-malária e antimicrobianas de fracções ricas em taninos, elagitaninos e ácidos fenólicos de *Punica granatum* L. *Planta medica*,**53**(5): 461-467.

Rhen, T. e Cidlowski, J. A. (2005). Antiinflammatory action of glucocorticoids - New mechanisms for old drugs. *New England Journal of Medicine*, **353**: 1711-23.

Ricciotti, E. e Fitz-Gerald, G. A. (2011). Prostaglandinas e inflamação. *Arteriosclerose, Trombose e Biologia Vascular*, **31**(5): 986-1000.

Ricciotti, E. e Fitzgerald, G. A. (2011). Prostaglandinas e inflamação. *Arteriosclerose, Trombose e Biologia Vascular*, **31**(5): 986-1000.

Riise, R., Handeland, K. S., Cvancarova, M. (2008). Incidência e caraterísticas da artrite em crianças norueguesas: um estudo de base populacional. *Pediatrics*,**121**: e299.

Rineau, F., Roth, D., Shah, F., Smits, M., Johansson, T., Canbäck, B., Olsen, P.B., Persson, P., Grell, M. N., Lindquist, E., Grigoriev, I. V., Lange, L. e Tunlid, A. (2012). O fungo ectomicorrízico *Paxillus involutus* converte matéria orgânica em lixo vegetal usando um mecanismo de podridão marrom aparado envolvendo a química de Fenton. *Microbiologia Ambiental*, **14**:1477-87.

Rizzacasa, B., Morini, E., Pucci, S., Murdocca, M., Novelli, G. e Amati, F. (2017). LOX-1 e suas variantes de splice: Um novo desafio para a aterosclerose e terapias direcionadas ao câncer. *Revista Internacional de Ciências Moleculares*, **18**: 290.

Rodgers, A., Lawes, C. e MacMahon, S. (2000). Reducing the global burden of blood pressure related cardiovascular disease. *Suplemento do Journal of Hypertension*, **18**(1): S3-6.

Ross, A. C. (2009). Relação entre marcadores inflamatórios, marcadores de ativação endotelial e espessura da íntima-média da carótida em doentes infectados pelo VIH que recebem terapia antirretroviral. *Clinical Infectious Diseases*,**49**:1119-1127.

Rotruck, J.T., Pope, A.L., Ganther, H.E., Swanson, A.B., Hafeman, D.G. e Hoekstra, W.G.

(1973) Selenium: Biochemical role as a component of glutathione peroxidase. *Science*,**179**:588-90.

Ryan, K. J. e Ray, C.G. (2004). Sherris Medical Microbiology (4th edition). McGraw Hill. ISBN 0-8385-8529-9.

Saad, B., Azaizeh, H., Abu-Hijleh, G. e Said, O. (2006). Segurança da medicina tradicional árabe à base de plantas. *Evidence-Based Complementary and Alternative Medicine*,**3**: 433-439.

Saeed, M., Naveed, M., Arif, M., Kakar, M. U., Manzoor, R., El-Hack, M. E., Alagawany, M., Tiwari, R., Khandia, R., Munjal, A., Karthik, K., Dhama, K., Iqbal, H. M. N., Dadar, M. e Sun, C. (2017). Chá verde (*Camellia sinensis*) e L-teanina: Valores medicinais e aplicações benéficas em humanos - Uma revisão abrangente. *Biomedicina e Farmacoterapia*, **95**: 1260-75.

Sakurai, T., He, G., Matsuzawa, A., Yu, G. Y., Maeda, S., Hardiman, G. e Karin, M. (2008). A necrose de hepatócitos induzida por stress oxidativo e a libertação de IL-1 alfa medeiam a proliferação compensatória induzida por carcinogéneos e a tumorigénese hepática. *Cancer Cell*, **14**(2):156-165.

Salehi, B., Kumar, N.V.A., Sener, B., Sharifi-Rad, M., Kiliç, M., Mahady, G.B., Vlaisavljevic, S., Iriti, M., Kobarfard, F. e Setzer, W.N. (2018). Plantas medicinais usadas no tratamento do vírus da imunodeficiência humana. *Revista Internacional de Medicina Molecular*
Ciência, **19**: 1459.

Salem, K., McCormick, M. L., Wendlandt, E., Zhan, F. e Goel, A. (2015). Regulação redox mediada por superóxido dismutase de cobre-zinco da resistência ao bortezomibe no mieloma múltiplo. *Biologia Redox*,**4**:23-33.

Santangelo, C., Varì, R., Scazzocchio, B., Di Benedetto, R., Filesi, C. e Masella, R. (2007). Polifenóis, sinalização intracelular e inflamação. *Annali dell'istituto Superiore di Sanità*,**4**(3):394-405.

Schairer, D.O., Chouake, J.S., Nosanchuk, J.D. e Friedman, A.J. (2012). O potencial das terapias de libertação de óxido nítrico como agentes antimicrobianos. *Virulence*,**3**: 112-115.

Schetter, A. J., Heegaard, N. H. e Harris, C. C. (2010). Inflamação e cancro: entrelaçamento das vias do microRNA, dos radicais livres, das citocinas e do p53. *Carcinogénese* ,**31**:37-49.

Sears, B. F., Rohr, J. R., Aleen, J. E. e Martin, L. B. (2011). A economia da inflamação: Quando é que menos é mais. *Tendências em Parasitologia*, **27**(9): 382-387.

Seiser, P. E., Duffy, L. K., David, M. A., Roby, D. D., Golet, G. H. e Litzow, M. A. (2000). Comparação dos parâmetros sanguíneos do pombo- guillemot, Cepphus columba, em zonas oleadas e não oleadas do Alasca, oito anos após o derrame de petróleo do Exxon Valdez. *Marine Pollution Bulletin*,**40**(2): 152-164.

Shaikh, S., Verma, H., Yadav, N., Jauhari, M. e Bullangowda, J. (2012). Aplicações de esteróides na prática clínica: A review. *ISRN Anesthesiology*, **20**(12): 985495.

Sharifi-Rad, M., Salehi, B., Sharifi-Rad, J., Setzer, W.N. e Iriti, M. (2018). Óleo essencial de *Pulicaria vulgaris*: Um tratamento alternativo ou complementar para a leishmaniose. *Biologia Celular e Molecular*, **64**:18-21.

Shi, J., Arunasalam, K., Yeung, D., Kakuda, Y., Mittal, G. e Jiang, Y. (2014). Saponinas de leguminosas comestíveis: Química, processamento e benefícios para a saúde. *Jornal de Alimentos Medicinais*, 7(1): 37-43.

Shivananda N. B., Sandiford, S. e Maxwell, A. (2009). Avaliação da atividade de cicatrização de feridas do extrato etanólico de *Morinda citrifolia* L. Leaf. *Medicina Alternativa e Complementar Baseada em Evidências*, **6**: 351-356.

Shrestha, C., Bhattarai, P. K., Lama, Y. e Magar, A. G. (2019). Avaliação da atividade anti-inflamatória de formulações à base de plantas de diferentes proporções de *Bryophyllum Pinnatum* e *Portulaca Oleracea*. *Jornal Mundial de Farmácia e Ciências Farmacêuticas*,**8**(4): 748-790.

Siddiqui, M. R., AlOthman, Z. A. e Rahman, N. (2017). Técnicas analíticas na análise farmacêutica: uma revisão. *Jornal Árabe de Química,* **10**: S1409-21.

Singab, A., Youssef, F. e Ashour, M. (2014). Plantas medicinais com potencial atividade antidiabética e sua avaliação. *Jornal de Pesquisa de Plantas Medicinais e Aromáticas*,**3**(2):11 19.

Singh, B. R., Mengi, S. A., Xu, Y. J., Arneja, A. S. e Dhalla, N. S. (2002). Patogénese da aterosclerose: um processo multifatorial. *Experimental and Clinical Cardiology*,**7**: 40 53.

Singleton, P. (1999). Bacteria in Biology, Biotechnology and Medicine (5th edition). Wiley, pp. 444-454. ISBN 0-471-98880-4.

Sinha, A.K. (1972). Colorimetric assay of catalase. *Analytical biochemistry*,**47**(2): 389-394.

Smyth, M. J., Dunn, G. P. e Schreiber, R. D. (2006). Vigilância imunitária do cancro e edição imunitária: os papéis da imunidade na supressão do desenvolvimento tumoral e na formação da imunogenicidade do tumor. *Advances in Immunology*,**90**: 1 -50.

Sobolewski, C., Cerella, C., Dicato, M., Ghibelli, L. e Diederich, M. (2010). O Papel da Ciclooxigenase-2 na Proliferação e Morte Celular em Malignidades Humanas. *Jornal Internacional de Biologia Celular*, Artigo ID: 215158.

Soetan, K. O., Akinrinde, A. S. e Ajibade, T. O. (2013). Estudos preliminares sobre os parâmetros hematológicos de galos alimentados com milho-da-índia cru e processado (*Sorghum bicolor*). Actas da 38.ª Conferência Anual da Sociedade Nigeriana de Produção Animal. Pp.49-52.

Song, X. e Qian, Y. (2013). A ativação e regulação da sinalização mediada pelo recetor de IL-17. *Cytokine* ,**62**(2):175-182.

Sostres, C., Gargallo, C. J., Lanas, A. (2013). Medicamentos anti-inflamatórios não esteróides e danos na mucosa gastrointestinal superior e inferior. *Arthritis Research and Therapy*, **15**(3): S3.

Souto, A. L., Tavares, J. F., da Silva, M. S., de Diniz, M., de Athayde-Filho, P. F. e Filho, J. M. B. (2011). Atividade Anti-Inflamatória de Alcaloides: Uma atualização de 2000 a 2010. *Moléculas*,**6**(1): 8515-8534.

Steinberg, D. (2006). Série de revisões temáticas: a patogénese da aterosclerose. An interpretive history of the cholesterol controversy, part V: the discovery of the statins and the end of the controversy. *Journal of Lipid Research*, **47**:1339-1351.

Stewart, B.W. e Kleihaus, S. (2003). Relatório Mundial sobre o Cancro. *Agência Internacional de Investigação do Cancro* (IARC), Imprensa, Lyon, França.

Stover, C. K., Pham, X. Q., Erwin, A. L., Mizoguchi, S. D., Warrener, P., Hickey, M. J., Brinkman, F. S., Hufnagle, W. O., Kowalik, D. J., Lagrou, M. e Garber, R. L. (2000). Sequência completa do genoma de *Psedomonas aeruginosa,* um agente patogénico oportunista. *Nature*,**406**(679):959-964.

Stuart, E. T. e David, H. B. (2011). Imunidade inata. *Journal of Allergy and Clinical Immunology*, **125**(2): S24-S32.

Sultana, A., Afroz, R., Yasmeen, O., Aktar, M. T. e Yusuf, A. (2019). Efeito anti-inflamatório do extrato etanólico de folhas de *Carica Papaya* e indometacina no granuloma induzido por pelotas de algodão em modelo animal. *Jornal de Pesquisa Médica Atual e Avançada*,**6**(1): 2-5.

Sunitha, J., Ananthalakshmi, R., Rajkumari, S., Ramesh, M. e Krishnan, R. (2015). Antioxidantes enzimáticos e seu papel nas doenças orais. *Jornal de Farmácia e Ciências Bioalimentares*, **7**(2): S331-S333.

Suresha, R. N., Brahadeesh, M., Jayanthi, M. K., Satish, A. M., Kalabharathi, H. L., Pushpa, V. H., Sushma, N e Lokraj, S. (2014). Triagem de cetrizina por seu potencial antiinflamatório em ratos albinos. *Jornal Internacional de Pesquisa Científica Recente*,**5**(1): 224 227.

Takahashi, H., Ogata, H., Nishigaki, R., Broide, D. H. e Karin, M. (2010). O fumo do tabaco promove a tumorigénese pulmonar ao desencadear a inflamação dependente de IKKbeta- e JNK1. *Cancer Cell*,**17**(1): 89 -97.

Takeuchi, K. e Amagase, K. (2017). Papéis dos receptores de prostaglandina E e EP na proteção da mucosa e na cicatrização de úlceras no trato gastrointestinal. *Arquivos de Distúrbios Digestivos*, **1**(2):8-16.

Tasli, N. G., Ucak, T., Karakurt, Y., Cimen, F. K., Bilgin, A. O., Kurt, N. e Suleyman, H. (2018). Os efeitos da Rutina na lesão oxidativa da retina e do nervo ótico induzida pela cisplantina: Um estudo experimental. *Toxicologia cutânea e ocular*,**37**(3):1-17.

Teguia, A., Telefo, P. B. e Fosto, R. G. (2007). Desempenho de crescimento, desenvolvimento de órgãos e parâmetros sanguíneos de ratos alimentados com níveis raded de farinha de tubérculos de taro (*Esculenta*) embebidos e cozidos. *Livestock Research for Rural development,* **19**: 1-8.

Teklehaymanot, T. (2017). Um levantamento etnobotânico de plantas medicinais e comestíveis de Yalo Woreda no estado regional de Afar, Etiópia. *Jornal de Etnobiologia e Etnomedicina*, **13**:40.

Teresa, M. M., Magdalena, W. e Andrzej, K. A. (2011). Revisão sistemática do efeito da infusão de vitamina C e da membrana revestida com vitamina E no stress oxidativo induzido pela hemodiálise. *Intech*,**10**(5):77-95.

Tinker, A. (2017). Como melhorar os resultados dos doentes com doenças crónicas e comorbilidades. Disponível online: http://www.healthcatalyst.com/wp-content/uploads/2014/04/How-to Improve-Patient-Outcomes.pdf.

Togun, V. A., Oseni, B. S. A., Ogundipe, J. A., Arewa, T. R., Hammed, A. A., Ajonijebu, D. C., Mustapha, F. (2007). Efeitos da administração crónica de chumbo nos parâmetros hematológicos de coelhos - um estudo preliminar. *Actas da 41ª Conferência da Sociedade Agrícola da Nigéria*, p.341.

Tong, S. Y., DAVIS, E. E., Holland, V. G. e Fowler, H. (2015). Infecções *por Staphylococcus aureus*: epidemiologia, fisiopatologia, manifestações clínicas e gestão. *Clinical Microbiology Reviews*,**28**(3): 603-661.

Touriño, S., Lizárraga, D., Carreras, A., Matito, C., Ugartondo, V., Mitjans, M., Centelles, J. J., Vinardell, M. P., Juliá, L., Cascante, M. e Torres, J. L. (2008). Efeitos antioxidantes/prooxidantes dos polifenólicos bioactivos. *Electronic Journal of Environmenta, Agricultural and Food Chemistry*,**7**(8):3348-3352.

Trelle, S., Reichenbach, S., Wandel, S., Hildebrand, P., Tschannen, B., Villiger, P. M., Egger, M. e Jüni, P. (2011). Segurança cardiovascular de medicamentos anti-inflamatórios não esteróides: Network meta-analysis. *British Medical Journal*, **342**: c7086.

Tripathi, K. D. (2013). Medicamentos anti-reumatóides e anti-gota, Capítulo 15. Essentials of

Medical Pharmacology, 7th edition. Jaypee brother publishers. Pp. 210-212.

Tripathi, P. e Swain, S. N. (2016). Atividade antioxidante *in vitro* e de eliminação de radicais livres de *Alpiniacalcarata* nas Ilhas Andaman. *Arquivos de plantas, **16**:* 685-694.

Tsang, C. K., Liu, Y., Thomas, J., Zhang, Y. e Zheng, X. F. (2014). A superóxido dismutase 1 atua como um fator de transcrição nuclear para regular a resistência ao estresse oxidativo. *Nature Communications*, ***5***:3446.

Tukuitonga, C. (2006). A estratégia da OMS sobre alimentação, atividade física e saúde visa o peso global das doenças crónicas. *Policy Beat*,**14**(1): 1-3.

Turner, M. D., Nedjai, B., Hurst, T. e Pennington, D. J. (2014). Citocinas e quimiocinas: Na encruzilhada da sinalização celular e da doença inflamatória. *Molecular Cell Research*, **1843**:2563-2582.

Uchegbu, R. I, Bako S. S, Ngozi-Olehi, L. C. e Achinihu, I. O. (2015). Análise GC-MS e identificação de fitoquímicos presentes nos frutos de *Mormodica balsamina* Linn. *Journal of Applied Chemistry*,**8**(8): 39-42.

Uchegbu, R. I., Ahuchaogu, A. A., Amanze, K. O. e Ibe, C. O. (2017). Análise dos constituintes químicos das folhas de *Bryophyllum pinnatum* por GC-MS. *Associação Americana de Ciência e Tecnologia Jornal de Química*,**3**(3):19-22.

Ufelle, S. A., Ukaejiofo, E. O., Neboh, E. E., Achukwu, P. U., Ghasi, S., Ikekpeazu, E. J. e Maduka, I. C. 2011. O efeito do extrato metanólico bruto da folha de *Bryophyllum pinntaum* em alguns parâmetros hematológicos em ratos wistar. *Jornal Asiático de Ciências Médicas*, **3**(3): 121-124.

Uysal, H., Bockermann, R., Nandakumar, K. S., Sehnert, B., Bajtner, E., Engström, A., Serre, G., Burkhardt, H., Thunnissen, M. M. e Holmdahl, R. (2009). Estrutura e patogenicidade dos anticorpos específicos para o colagénio citrulinado tipo II na artrite experimental. *Journal of Experimental Medicine* ,**206**(2): 449-462.

Valko, M., Leibfritz, D. e Moncola, J. (2007). Radicais livres e antioxidantes nas funções fisiológicas normais e na doença humana. *International Journal of Biochemistry and Cell Biology*,**39**(1):44-84.

Vander-Have, K. L., Karmazyn, B. e Verma, M. (2009). *Staphylococcus aureus* resistente à meticilina associado à comunidade na infeção músculo-esquelética aguda em crianças: um fator de mudança. *Journal of Pediatric Orthopaedics*, **29**:927-930.

Vatopoulos, A. C., Kalapothaki, V. e Legakis, N. J. (1999). Bacterial resistance to ciprofloxacin in Greece: Resultados do sistema nacional de vigilância eletrónica. Rede grega de vigilância da resistência antimicrobiana. *Emerging InfectiousDiseases Journal*,**5**:471-476.

Vijay-Raj, B., Raghavendra, R. M.V., Acharya, Y., Sireesha, B. A., Kumar, K. R., Srinivas, K. e Sowmya, J. K. (2016). Efeito anti-inflamatório e anti-peroxidativo do extrato da folha de *Hamelia patens* no edema de pata de rato induzido por carragenina. *Elixir Pharmacy*,**97**: 41934 41937.

Vishal, V., Sharma, G. N., Mukesh, G. e Ranjan, B. (2014). Uma revisão sobre algumas plantas com atividade anti-inflamatória. *Journal of Phytopharmacology*, **3**(3): 214-21.

Vogt, R. L. e Dippold, L. (2005). Surto de Escherichia coli associado ao consumo de carne de vaca moída, junho-julho de 2002. *Relatórios de Saúde Pública*, **120**(2): 174-178.

Wangchuk, P. e Tobgay, T. (2015). Contribuições das plantas medicinais para a Felicidade Nacional Bruta e a Bio-descoberta no Butão. *Journal of Ethnobiology and Ethnomedicine*,**11**:48.

Wangchuk, P., Karma, Y. e Kinga, J. (2017). Avaliação farmacológica, etnofarmacológica e botânica de plantas medicinais subtropicais da região de Lower Kheng no Butão. *Investigação em Medicina Integrativa,* ***6***: 372-387.

Wheat, L. J., Freifeld, A. G. e Kleiman, M. B. (2007). Diretrizes de prática clínica para o tratamento de doentes com histoplasmose: atualização de 2007 pela Infectious Diseases Society of America. *Doenças Infecciosas Clínicas*, **45**:807.

Wild, S., Roglic, G., Green, A., Sicree, R. e King, H. (2004). Prevalência global da diabetes: estimativas para 2000 e projecções para 2030. *Diabetes Care*,**27**(5): 1047-53.

Winter, C. A., Risley, E.A. e Nuss, G.W. (1962). Edema induzido por carragenina nas patas traseiras do rato como um ensaio para fármacos anti-inflamatórios. *Actas da Sociedade de Biologia Experimental e Medicina*, **111**: 544-547.

Organização Mundial de Saúde (2003). Relatório sobre a Saúde no Mundo 2003: Shaping the Future. OMS, Genebra.

Organização Mundial de Saúde (2010) Preventing Chronic Disease: Um investimento vital. OMS, Genebra.

Organização Mundial da Saúde (2012). Relatório sobre a Saúde no Mundo 2012. OMS, Genebra.

Organização Mundial da Saúde. (2015). Prevenir as doenças crónicas: Um investimento vital. OMS, Genebra.

Organização Mundial de Saúde. (OMS). (2017). Dez factos sobre as doenças crónicas. OMS, Genebra.

Organização Mundial de Saúde (2002b). Estratégia da OMS para a Prevenção e Controlo das Doenças Respiratórias Crónicas. OMS, Genebra.

Xie, L., Xu, F., Liu, S., Ji, Y., Zhou, Q., Wu, Q., Xie, P. (2013). Parâmetros hematológicos e bioquímicos baseados na idade e no sexo para *Macaca fascicularis*. *PLoS ONE*,**8**(6): e64892.

Xu, S., Liu, A. C. e Gotlieb, A. I. (2010). Caraterísticas patogénicas comuns da aterosclerose e da estenose aórtica calcificada: Papel do fator de crescimento transformador-β. *Cardiovascular Pathology*, **19**: 236-247.

Yach, D. e Beaglehole, R. (2004). A globalização dos riscos de doenças crónicas exige soluções globais. *Perspectivas Tecnológicas do Desenvolvimento Global*, **3**(1-2): 213-33.

Yach, D., Hawkes, C., Gould, C., Hofman, K. (2004). The global burden of chronic diseases: overcoming impediments to prevention and control. *Journal of America Medical Association*, **291**: 2616-22.

Yagupsky, P. (2004). *Kingella kingae*: da raridade médica a um agente patogénico pediátrico emergente.

Lancet Infectious Diseases,**4**:358.

Yasui, K. e Baba, A. (2006). Potencial terapêutico da superóxido dismutase (SOD) para a resolução da inflamação. *Inflammation Research*, **55**:359-63.

Y atoo, M. I., Dimri, U., Gopalakrishnan, A., Karthik, K., Gopi, M. e Khandia, R. (2017b). Aplicações benéficas para a saúde e valores medicinais das plantas Pedicularis: Uma revisão. *Biomedicina e Farmacoterapia*, **95**: 1301-13.

Y au, J. W., Teoh, H. e Verma, S. (2015). Controle de células endoteliais da trombose. *BMC Cardiovascular Disorders*,**15**:130.

Y avari, I., Leila, H. e Mehdi, A. (2002). Síntese mediada por sal de viniltrifenilfosfónio de derivados de 1, 4-benzoxazina e cumarina. *Tetrahedron* ,**58**(34): 6895-6899.

Yazdanparast, R. e Ardestani, A. (2007). Atividade antioxidante e de eliminação de radicais livres *in vitro* de *Cyperus rotundus*. *Jornal de Alimentos Medicinais*, **10**(9): 667-674.
Yazdanparast, R., Bahramikias, S. e Ardestani, A. (2008). *Nasturtium officinale* reduz o stress oxidativo e aumenta a capacidade antioxidante em ratos hipercolesterolémicos. *Chemico-Biological Interactions* ,**172**:176-184.
Y eung, K. S., Gubili, J. e Cassileth, B. (2008). Investigação botânica baseada em evidências: Aplicações e desafios. *Clínicas de Hematologia/Oncologia da América do Norte*, **22**: 661 670.
Younus, H. (2018). Potenciais terapêuticos da superóxido dismutase. *Revista Internacional de Ciências da Saúde*,**12**(3):1-6.
Yulyana, Y., Tovmasyan, A., Ho, I. A., Sia, K. C., Newman, J. P., Ng, W. H., Guo, C. M., Hui, K. M., Batinic-Haberle, I. e Lam, P. Y. (2016). O mímico potente de SOD baseado em porfirina mn redox, mnTnBuOE-2-pyP (5+), aumenta a apoptose induzida por TRAIL mediada por carbenoxolona no glioblastoma multiforme. *Stem Cell Reviews and Report*,**12**:140-55.
Zhang W, Fievez L, Cheu E, Bureau F, Rong W, Zhang Y. (2010). Efeitos anti-inflamatórios do formoterol e do brometo de ipratrópio contra a inflamação pulmonar aguda induzida pelo cádmio em ratos. *The European Journal of Pharmacology* ,**628**:171-8.
Zhu, Y., Xian, X., Wang, Z., Bi, Y., Chen, Q., Han, X., Tang, D. e Chen, R. (2018). Progresso da pesquisa sobre a relação entre aterosclerose e inflamação. *Biomolecules*, **8**(2): 201-208.
Zong, W. X. e Thompson, C. B. (2006). Necrotic death as a cell fate. *Genes e Desenvolvimento*, **20**(1): 1 -15.

Apêndice 1
Cálculos

I. Determinação da dose letal mediana

LD50= $\sqrt{(D_0 x D_{100})}$

D_0 = Dose mais elevada que não provocou mortalidade,

D_{100} = Dose mais baixa que produziu mortalidade

II. Atividade da Superóxido Dismutase (SOD)

$$SOD\% = \frac{\text{Absorvância da amostra - Absorvância do controlo}}{\text{Absorvância da amostra}} \times 100$$

1 unidade de atividade da SOD é dada como a quantidade de SOD necessária para causar 5o% de inibição.

III. Atividade da catalase

$$\text{Atividade da CAT} = \frac{\text{Absorvância x Volume total da reação}}{\text{Volume da amostra x coeficiente de extinção}}$$

O volume total da reação é dado como 3,1

Volume da amostra = o,1 ml

Coeficiente de extinção = 0,394 **x 10^A(-2)**

IV. Atividade da glutationa peroxidase

Atividade GPx = Absorvância x Volume total da reação Volume da amostra x coeficiente de extinção

O volume total da reação é dado como 3,25

Volume da amostra = o,1 ml

Coeficiente de extinção = 0,266 **x** 10^{-2}

V. Capacidade Antioxidante Total

TAC% = Absorvância da amostra - Absorvância do controlo x 100 Absorvância da amostra

VI. Inibição do edema da pata

Percentagem de inibição do edema = x 100

Em que A representa o volume da pata do grupo de controlo e B representa o volume da pata do grupo tratado com o medicamento em estudo.

VII.Inibição do granuloma induzido

$$\text{Percentagem de inibição do granuloma de algodão} = \frac{Wc - Wd}{Wc} \times 100$$

Em que Wc = peso do pellet do grupo de controlo; Wd = peso do pellet do grupo tratado.

Appendix 2 (Quadro 4.1)

ANOVA para o teor fitoquímico do extrato da planta

Componente	Concentração Wg) 1ª leitura	Concentração Wg) 2ª leitura	Média	STDV	SEM
Kaempferol	7.006	7.008	7.007	0.05414	0.006
Spartein	0.005	0.005	0.005	0	0
Antocianina	0.097	0.096	0.0965	0.00707	0.005
Oxalato	0.196	0.199	0.1975	0.002121	0.0015
Sapogenina	3.372	3.375	3.3735	0.002121	0.0015
Rutina	1.837	1.837	1.837	0	0
Lunamarine	1.359	1.359	1.359	0	0
Ribalinidina	0.027	0.029	0.028	0.001414	0.001
Fitato	0.234	0.237	0.2355	0.002121	0.0015
Catequina	0.235	0.233	0.234	0.001414	0.001
Total flavonoide	0.276	0.278	0.277	0.001414	0.001

Appendix 3 (Figura 4.4b)

ANOVA para a inibição de pellets de algodão

Anova: Fator único

RESUMO

Grupos	*Contagem*	*Soma*	*Média*	*Desvio*	
A	2	80.5	40.25	0.125	
B	2	99.4	49.7	1.28	
C	2	119	59.5		0.5
D	2	109.8	54.9	0.02	
E	2	0		0	0

ANOVA

Fonte de Variação	*SS*	*Df*	*EM*	*F*	*Valor de p*	*F crit*
Entre Grupos	4585.256	4	1146.314	2977.439	1.26E-08	5.192168
Dentro de Grupos	1.925	5	0.385			
Total	4587.181	9				

Appendix 4 (Figura 4.5a)
ANOVA para a atividade da SOD

Anova: Fator único

RESUMO *Grupos*	***Contagem***	***Soma***	***Média***	***Desvio***
A	2	0.75	0.375	5E-05
B	2	1.42	0.71	0.0002
C	2	1.6	0.8	0.0002
D	2	0.84	0.42	0.0008
E	2	0.43	0.215	0.00045

ANOVA

Fonte de Variação	*SS*	*df*	*EM*	*F*	*Valor de p*	*F crit*
Entre Grupos	0.47454	4	0.118635	348.9265	2.66E-06	5.192168
Dentro de Grupos	0.0017	5	0.00034			
Total	0.47624	9				

Appendix 5 (Figura 4.5b)
ANOVA para a atividade GPx

Anova: Fator único

RESUMO

Grupos	***Contagem***	***Soma***	***Média***	***Desvio***
A	2	363	181.5	4.5
B	2	369	184.5	0.5
C	2	378	189	2
D	2	384	192	0
E	2	238	119	2

ANOVA

Fonte de Variação	***SS***	***df***	***EM***	***F***	***Valor de p***	***F crit***
Entre Grupos	7474.6	4	1868.65	1038.139	1.75E-07	5.192168
Dentro dos grupos	9	5	1.8			
Total	7483.6	9				

Appendix 6 (Figura 4.5c)

ANOVA para a atividade do CAT

Anova: Fator único

RESUMO

Grupos	***Contagem***	***Soma***	***Média***	***Desvio***
A	2	223	111.5	4.5
B	2	253	126.5	4.5
C	2	423	211.5	4.5
D	2	457.5	228.75	6.125
E	2	161.5	80.75	0.605

ANOVA

Fonte de variação	*SS*	*Df*	*EM*	*F*	*Valor de p*	*F crit*
Entre	33595.35	4	8398.838	2075.837	3.11E-08	5.192168
Grupos dentro						
de	20.23	5	4.046			
Grupos						
Total	33615.58	9				

Appendix 7 (Figura 4.6)

ANOVA para a atividade da COX-1

Anova: Fator único

RESUMO

Grupos	***Contagem***	***Soma***	***Média***	***Desvio***
A	2	122	61	2
B	2	145	72.5	0.5
C	2	149	74.5	0.5
D	2	125	62.5	12.5
E	2	78	39	2

ANOVA

Fonte de Variação	*SS*	*df*	*EM*	*F*	*Valor de P*	*Critério F*
Entre Grupos	1593.4		4398.35	113.8143	4.27E-05	5.192168
Dentro dos grupos	17.5	5	3.5			
Total	1610.9	9				

Appendix 8 (Figura 4.7)

ANOVA para a atividade da COX-2

Anova: Fator único

RESUMO

Grupos	***Contagem***	***Soma***	***Média***	***Desvio***
A	2	98	49	2
B	2	112	56	2
C	2	122	61	2
D	2	112.5	56.25	3.125
E	2	46.1	23.05	1.805

ANOVA

Fonte de variação	*SS*	*df*	*EM*	*F*	*Valor de p*	*F crit*
Entre	1837.894	4	459.4735	210.1892	9.37E-06	5.192168
Grupos dentro de Grupos	10.93	5	2.186			
Total	1848.824	9				

Appendix 9 (Figura 4.8)

ANOVA para a atividade de IL-1 β

Anova: Fator único

RESUMO

Grupos	***Contagem***	***Soma***	***Média***	***Desvio***
A	2	52	26	2
B	2	66	33	2
C	2	81	40.5	0.5
D	2	69.5	34.75	6.125
E	2	24.5	12.25	3.125

ANOVA

Fonte de variação	*SS*	*df*	*EM*	*F*	*Valor de p*	*F crit*
Entre	940.85	4	235.2125	85.53182	8.63E-05	5.192168
Grupos Dentro dos grupos	13.75	5	2.75			
Total	954.6	9				

Appendix 10 (Figura 4.9)

ANOVA para a atividade da IL-6

Anova: Fator único

RESUMO

Grupos	***Contagem***	***Soma***	***Média***	***Desvio***
A	2	101	50.5	0.5
B	2	106.4	53.2	1.28
C	2	132	66	2
D	2	131.7	65.85	0.245
E	2	92.8	46.4	1.62

ANOVA

Fonte de Variação	*SS*	*df*	*EM*	*F*	*Valor de p*	*F crit*
Entre Grupos	653.024	4	163.256	144.6023	2.37E-05	5.192168
Dentro de Grupos	5.645	5	1.129			
Total	658.669	9				

Appendix 11 (Figura 4.10)

ANOVA para a atividade de PGE-2

Anova: Fator único

RESUMO

Grupos	***Contagem***	***Soma***	***Média***	***Desvio***
A	2	89	44.5	0.5
B	2	75	37.5	0.5
C	2	44	22	8
D	2	54.5	27.25	0.125
E	2	100.7	50.35	1.445

ANOVA

Fonte de Variação	*SS*	*df*	*EM*	*F*	*Valor de p*	*F crit*
Entre Grupos	1104.946	4	276.2365	130.6701	3.04E-05	5.192168
Dentro de Grupos	10.57	5	2.114			
Total	1115.516	9				

More Books!
yes

MIX
Papier aus verantwortungsvollen Quellen
Paper from responsible sources
FSC® C105338

Printed by Books on Demand GmbH, Norderstedt / Germany